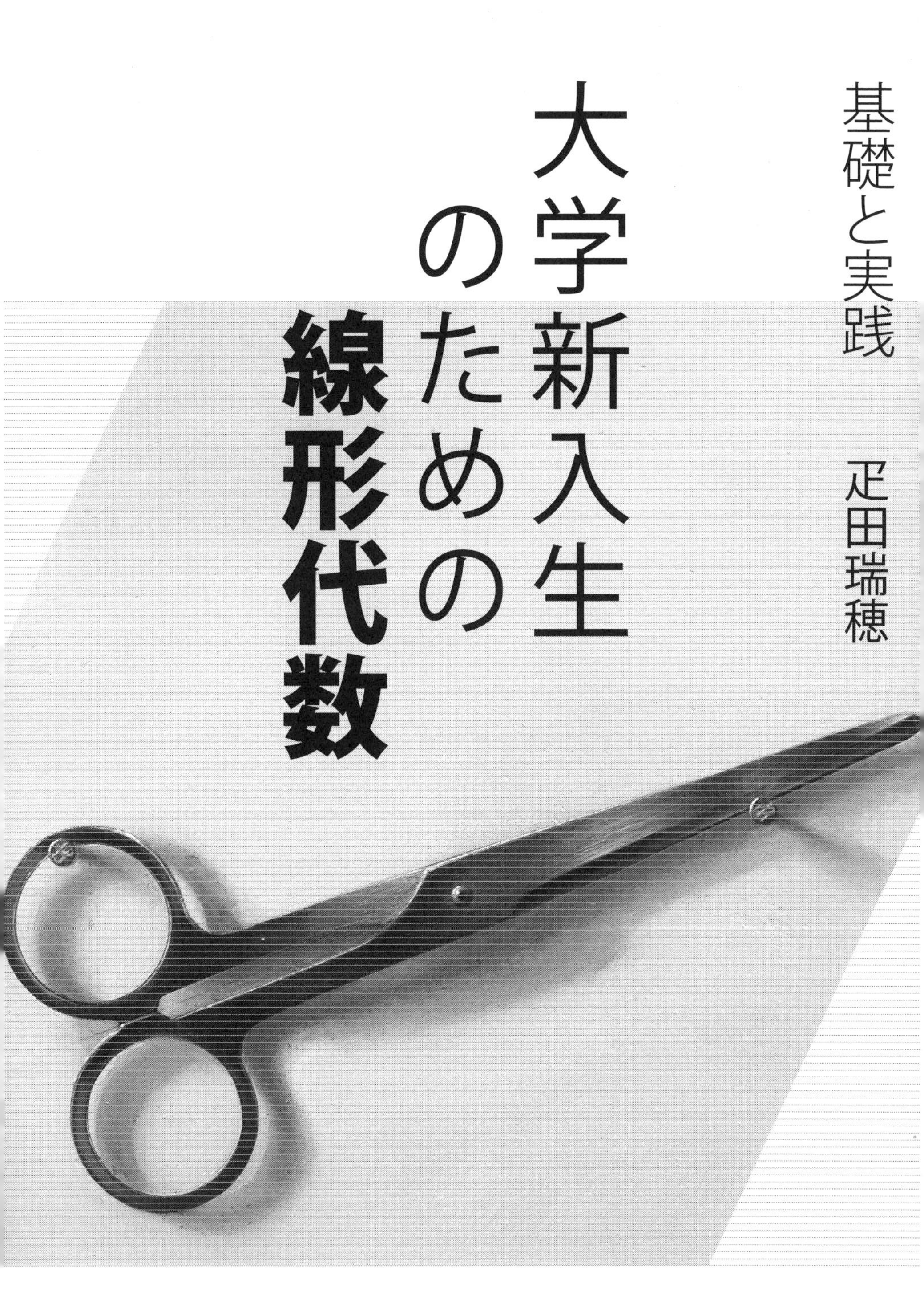

現代数学社

序文

本書は、大学1年生のための線形代数学の教科書である。内容は、ベクトルと行列、行列式、線形空間、線形写像、固有値、計量線形空間であり、半期分の内容である。線形連立方程式に代表される線形方程式の解の構造を通して線形代数学を記述している。なお、ジョルダン標準形や2次形式の分類などは省かざるを得なかった。各定理の証明は、全てを講義する必要はない。だが、学生の自学自習のために、ほぼ全ての定理に詳しい証明をつけた。

本書の特徴は、半期15講義分のマークシートによる小テストである。1講義分の内容が小テストに集約されているので、小テストの解説を中心に講義を組み立てれば、7回分のレポートと会わせて、本書の内容が自然に身に付くようになっている。毎回のマークシートの効果は非常に高い。

マークシートの読み取りと成績処理の1例は、ドキュメントスキャナーと「Remark office omr (ハンモック)」によるシステムである。このシステムによる成績処理は、非常に効率が良い上に効率的である。マークシート採点と成績処理その他のフォーマットは、現代数学社のホームページに置いた。

以下、本書の構成を述べる。

第1章は導入であり、幾何的ベクトルの復習から始めて、数ベクトと行列を定義している。線形連立方程式を $A\vec{x} = \vec{d}$ と表示する事により、積の定義が自然に導入される。この結果、線形連立方程式の解法が1次方程式の解法と平行になる事を示した。

第2章は消去法である。本書で使用される主な計算方法は消去法であり、連立方程式だけでなく、逆行列、階数、行列式、$\mathrm{Ker}\,A$、固有空間等の計算は全て消去法によっている。この章の後半では、消去法の基本変形に対応する基本行列について解説した。

第3章は行列式である。線形代数の理論的中心は行列式である。定義と性質を詳しく記述した。余因子展開とクラメルの公式がこの章の主な結果である。

第4章は線形空間と線形写像である。$|A| = 0$ の場合の線形連立方程式の解から自然に線形空間の概念が現れる。線形空間を生成要素で表現するために、1次従属と1次独立を解説し、基底を導入した。線形写像に付随して、核 $\mathrm{Ker}\,f$、像 $\mathrm{Im}\,f$ を導入した。こ

れらにより、重ね合わせの原理は簡明に記述される。核と像の重要性は、固有空間が核 $\mathrm{Ker}(A - \lambda E)$ になる事からも明らかである。この章の後半では、線形写像の行列表示についても解説した。

第 5 章は固有値と行列の対角化である。線形代数の重要事項であり、応用範囲も広い。

第 6 章は計量線形空間であり、微積分との関連を特に意識している。シュワルツの不等式、フーリエ級数がその例である。

２０１４年１２月２６日

著者

目次

第1章

ベクトル、行列、連立1次方程式

1.1　ベクトル

1.1.1　幾何ベクトル

$a_1, a_2, \cdots, a_n$ を n 個の数とする。本書では、これらの数の和 $a_1 + a_2 + \cdots + a_n$ を頻繁に使用する。この和を記号

$$\sum_{i=1}^{n} a_i = a_1 + a_2 + \cdots + a_n \tag{1.1.1}$$

で表す。これは、i に、順に 1 から n まで代入して足す記号である。よって、次の式が成り立つ。

定理 1.1.1　(1) $\displaystyle\sum_{i=1}^{n} a = na$　(2) $\displaystyle\sum_{i=1}^{n} ka_i = k\sum_{i=1}^{n} a_i$　(3) $\displaystyle\sum_{i=1}^{n}(a_i + b_i) = \sum_{i=1}^{n} a_i + \sum_{i=1}^{n} b_i$

特に、上の定理の (2), (3) を**線形性**と言う。線形代数は、線形性が主題である。本書で扱う線形性は、この和の記号の線形性から来る場合が多い。

ベクトルは、速度、加速度、力などを抽象化したもので、長さと方向を持った量である。もう少し丁寧に言うと、空間の点 A から B までの向きを付けた線分を**ベクトル**と呼び、$\vec{a} = \overrightarrow{\mathrm{AB}}$ のように表し、A を**始点**、B を**終点**と呼ぶ。線分 AB の長さを $\vec{a}$ の**長さ**または**大きさ**と言い、$|\vec{a}|$ で表す。特に始点と終点が等しい時、**零ベクトル**と呼び、$\vec{0}$ と表すが、これは大きさが 0 で向きの定まらない特殊なベクトルである。二つのベクトル $\vec{a}, \vec{b}$ は、平行移動により完全に重なるならば**等しい**と言い、$\vec{a} = \vec{b}$ と表す。

ベクトル $\vec{a}$ が与えられた時、ベクトル $-\vec{a}$ を向きが逆で大きさが等しいベクトルと定義する。また、実数 $k > 0$ に対し、$k\vec{a}$ は、方向が同じで大きさが k 倍のベクトルである。$k < 0$ ならば $k\vec{a}$ は向きが逆で大きさが $|k|$ 倍のベクトルである。また、$0\vec{a} = \vec{0}$ とする。

二つのベクトル $\vec{a}, \vec{b}$ が与えられた時、平行移動して同じ点 O を始点にし、$\vec{a} = \overrightarrow{\mathrm{OA}}$, $\vec{b} = \overrightarrow{\mathrm{OB}}$ とする。その時、OA と OB を2辺に持つ平行四辺形 OACB の対角線 $\overrightarrow{\mathrm{OC}}$ を $\vec{a}+\vec{b}$ と定義する。これは、$\vec{b}$ を平行移動して始点を $\vec{a}$ の終点にした時の、$\vec{a}$ の始点から $\vec{b}$ の終点に向けたベクトルである。

空間に直交座標系が設定されている時は、ベクトル $\vec{a}$ の始点を原点に平行移動させた時の終点の座標を**成分**と呼び、$\vec{a}$ と同一視する。平面上のベクトルならば、$\vec{a} = (a_1, a_2)$ であり、$|\vec{a}| = \sqrt{a_1^2 + a_2^2}$ である。空間内のベクトルならば、$\vec{a} = (a_1, a_2, a_3)$ であり、$|\vec{a}| = \sqrt{a_1^2 + a_2^2 + a_3^2}$ である。この時、$\vec{a} = (a_1, a_2, a_3)$, $\vec{b} = (b_1, b_2, b_3)$ とすると、図から

$$k\vec{a} = (ka_1, ka_2, ka_3) \tag{1.1.2}$$

$$\vec{a} + \vec{b} = (a_1 + b_1, a_2 + b_2, a_3 + b_3) \tag{1.1.3}$$

実数倍と和が定義されている集合を**線形空間**と呼ぶ。

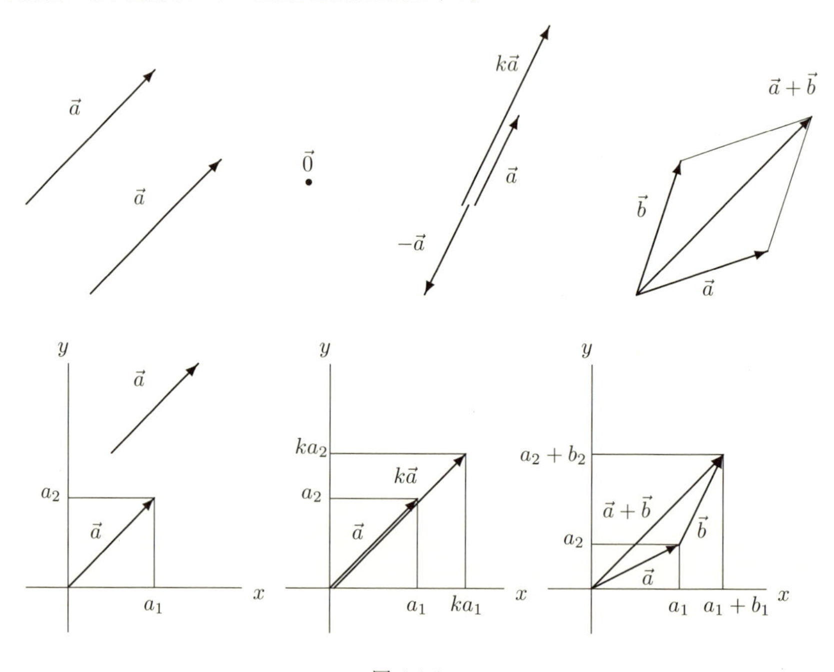

図 1.1.1

次の演算法則は、成分表示から直ちに示される。

(1.1.4) $$(\vec{a}+\vec{b})+\vec{c}=\vec{a}+(\vec{b}+\vec{c}),\quad \vec{a}+\vec{b}=\vec{b}+\vec{a},$$

(1.1.5) $$1\vec{a}=\vec{a},\quad (k+h)\vec{a}=k\vec{a}+h\vec{a},\quad (kh)\vec{a}=k(h\vec{a}),\quad k(\vec{a}+\vec{b})=k\vec{a}+k\vec{b},$$

(1.1.6) $$\vec{a}+\vec{0}=\vec{a},\quad \vec{a}+(-\vec{a})=\vec{0}$$

これらの演算規則はベクトルの基本性質である。

1.1.2　数ベクトル

ベクトルの成分表示から、n 個の数を順番に横に並べた $\vec{a}=(a_1,a_2,\cdots,a_n)$ を **n 次元行ベクトル**と呼び、各々の数 a_i をこのベクトルの**成分**と呼ぶ。また、数を縦に並べた $\vec{a}=\begin{pmatrix} a_1 \\ a_2 \\ \vdots \\ a_n \end{pmatrix}$ を**列ベクトル**と呼ぶ。両方を合わせて**数ベクトル**と呼ぶ。これらのベクトルの**大きさ**は

(1.1.7) $$|\vec{a}|=\sqrt{\sum_{i=1}^{n}a_i^2}=\sqrt{a_1^2+a_2^2+\cdots+a_n^2}$$

で与えられる。ベクトルの演算は、成分を使って表現すると次のようになる。行ベクトルの場合も同様に成分ごとの計算で表現される。

(1.1.8) $$\vec{0}=\begin{pmatrix} 0 \\ \vdots \\ 0 \\ \vdots \\ 0 \end{pmatrix},\ k\begin{pmatrix} a_1 \\ \vdots \\ a_i \\ \vdots \\ a_n \end{pmatrix}=\begin{pmatrix} ka_1 \\ \vdots \\ ka_i \\ \vdots \\ ka_n \end{pmatrix},\ \begin{pmatrix} a_1 \\ \vdots \\ a_i \\ \vdots \\ a_n \end{pmatrix}+\begin{pmatrix} b_1 \\ \vdots \\ b_i \\ \vdots \\ b_n \end{pmatrix}=\begin{pmatrix} a_1+b_1 \\ \vdots \\ a_i+b_i \\ \vdots \\ a_n+b_n \end{pmatrix}$$

n 次元行ベクトル全体または n 次元列ベクトル全体を n 次元空間と同一視し、$\mathbf{R}^n$ で表し、**n 次元ベクトル空間**と呼ぶ。(1.1.8) より、$\mathbf{R}^n$ は線形空間である。

問題 1.1.1　$\vec{a}=(1,2,0,-1),\ \vec{b}=(2,1,-2,3)$ として、次の計算をせよ。

(1) $|\vec{a}|$　(2) $|\vec{b}|$　(3) $\vec{a}-\vec{b}$　(4) $2\vec{a}+3\vec{b}$　(5) $3\vec{a}-4\vec{b}$

n 次元ベクトルで、成分の一つが 1 で、それ以外の成分は 0 になるベクトルは**基本ベクトル**と呼ばれ、記号 $\vec{e}_i$ で表される。このベクトルの組 $\vec{e}_1,\vec{e}_2,\cdots,\vec{e}_n$ は**標準基底**と呼

ばれる。列ベクトルの場合は次のベクトルの組である。

(1.1.9)
$$\vec{e}_1 = \begin{pmatrix} 1 \\ \vdots \\ 0 \\ \vdots \\ 0 \end{pmatrix}, \cdots, \ \vec{e}_i = \begin{pmatrix} 0 \\ \vdots \\ 1 \\ \vdots \\ 0 \end{pmatrix}, \cdots, \ \vec{e}_n = \begin{pmatrix} 0 \\ \vdots \\ 0 \\ \vdots \\ 1 \end{pmatrix}$$

行ベクトルの場合は次のベクトルの組である.

(1.1.10)　$\vec{e}_1 = (1, 0, \cdots, 0), \cdots, \ \vec{e}_i = (0, \cdots, 0, 1, 0, \cdots, 0), \cdots, \ \vec{e}_n = (0, \cdots, 0, 1)$

次の定理は標準基底の基本的な性質であり、一般の線形空間では、これらが成立するベクトルの組を基底と呼ぶ。証明は成分を比較すれば明らかである。

定理 1.1.2　(1)　もし, $\displaystyle\sum_{i=1}^{n} a_i\vec{e}_i = \vec{0}$ ならば $a_1 = \cdots = a_i = \cdots = a_n = 0$.

(2)　全ての n 次元ベクトル $\vec{a} = \begin{pmatrix} a_1 \\ \vdots \\ a_n \end{pmatrix}$ は標準基底 $\vec{e}_i$ の1**次結合**で表される。すなわち

$$\vec{a} = \sum_{i=1}^{n} a_i\vec{e}_i = a_1\vec{e}_1 + a_2\vec{e}_2 + \cdots + a_n\vec{e}_n$$

注　ベクトル $\vec{a}$ を標準基底の1次結合で表す方法はただ一つである。実際に、$\displaystyle\vec{a} = \sum_{i=1}^{n} a_i\vec{e}_i = \sum_{i=1}^{n} b_i\vec{e}_i$ ならば $\displaystyle\sum_{i-1}^{n}(a_i - b_i)\vec{e}_i = \vec{0}$ であるから、上の定理 (1) より $a_i = b_i$ $(i = 1, \cdots, n)$ である。

1.1.3　内積

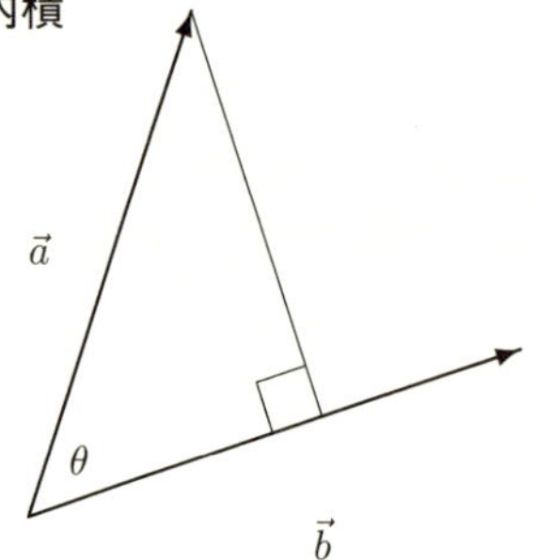

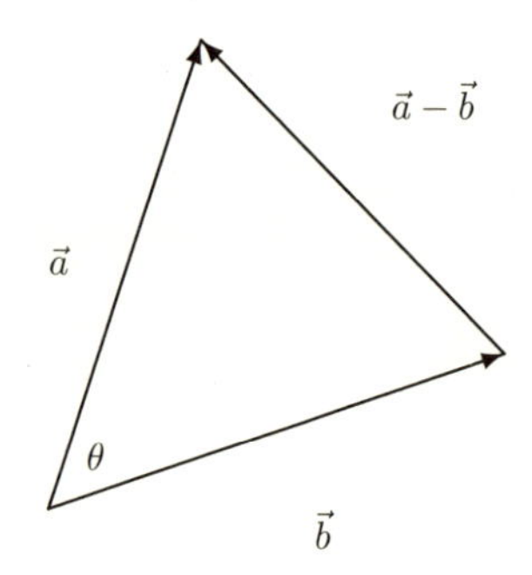

図 1.1.2

二つのベクトル $\vec{a},\vec{b}$ のなす角を θ として次の量を**内積**と言い、$(\vec{a},\vec{b})$ または $\vec{a}\cdot\vec{b}$ と表記する。

$$(\vec{a},\vec{b}) = |\vec{a}||\vec{b}|\cos\theta \tag{1.1.11}$$

定義から、次の定理は明らかである。

定理 1.1.3 (1) $(\vec{a},\vec{a}) = |\vec{a}|^2$
(2) $(\vec{a},\vec{a}) = 0$ となる事と $\vec{a},\vec{b}$ が直交する事は同値である。

例 1.1.1 標準基底 $\vec{e_i}$ は互いに直交し、大きさ 1 であるから、内積は

$$(\vec{e}_i,\vec{e}_j) = \begin{cases} 1 & (i=j) \\ 0 & (i\neq j) \end{cases}$$

になる。

内積の重要な性質は、次の式が成立することである。この定理の (2) と (3) の式を**線形性**と言い、まとめて、$(k\vec{a}+h\vec{b},\vec{c}) = k(\vec{a},\vec{c})+h(\vec{b},\vec{c})$ とも書く。

定理 1.1.4 (1) $(\vec{a},\vec{b}) = (\vec{b},\vec{a})$
(2) $(k\vec{a},\vec{b}) = k(\vec{a},\vec{b})$
(3) $(\vec{a}+\vec{b},\vec{c}) = (\vec{a},\vec{c})+(\vec{b},\vec{c})$

成分表示を $\vec{a} = (a_1,\cdots,a_n) = \sum_{i=1}^{n} a_i\vec{e}_i,\ \vec{b} = (b_1,\cdots,b_n) = \sum_{i=1}^{n} b_i\vec{e}_i$ とする。

$$\begin{aligned}\vec{a}\cdot\vec{b} &= \left(\left(\sum_{i=1}^{n} a_i\vec{e}_i\right),\vec{b}\right) = \sum_{i=1}^{n} a_i(\vec{e}_i,\vec{b}) = \sum_{i=1}^{n} a_i\left(\vec{e}_i,\left(\sum_{j=1}^{n} b_j\vec{e}_j\right)\right) \\ &= \sum_{i=1}^{n}\sum_{j=1}^{n} a_ib_j\,(\vec{e}_i,\vec{e}_j) = \sum_{i=1}^{n} a_ib_i\end{aligned}$$

以上から、

$$(\vec{a},\vec{b}) = \sum_{i=1}^{n} a_ib_i = a_1b_1+a_2b_2+\cdots+a_nb_n, \quad \text{特に}\ (\vec{a},\vec{e}_i) = a_i \tag{1.1.12}$$

問題 1.1.2 $\vec{a} = (1,2,0,-1),\ \vec{b} = (2,1,-2,3)$ として、その間の角を θ とする。次の値を計算をせよ。

(1) $(\vec{a},\vec{b})$ (2) $\cos\theta$ (3) $(2\vec{a},-3\vec{b})$ (4) $(2\vec{a}+3\vec{b},\vec{a}-\vec{b})$
(5) $(\vec{a},\vec{e}_2)$ (6) $(\vec{e}_4,4\vec{b})$ (7) $(\vec{a},2\vec{e}_1-3\vec{e}_2)$

1.1.4　外積

3次元ベクトル $\vec{a}, \vec{b}$ の**外積** $\vec{a} \times \vec{b}$ は、フレミングの法則を表現したものである。これは、ベクトル $\vec{b}$ で表された磁場の中を、ベクトル $\vec{a}$ で表される電流が流れた時に受ける力を表す法則である。$\vec{a}$ を $180°$ 以内で回転させて $\vec{b}$ の向きに重ねた時の回転で右ネジが進む方向が、$\vec{a} \times \vec{b}$ の向きであり、大きさは $\vec{a}, \vec{b}$ を2辺とする平行四辺形の面積 $|\vec{a}||\vec{b}| \sin\theta$ (θ は $\vec{a}, \vec{b}$ のなす角) である。外積 $\vec{a} \times \vec{b}$ は $\vec{a}$ と $\vec{b}$ に直交している事に注意する。下図1.1.3を参照。

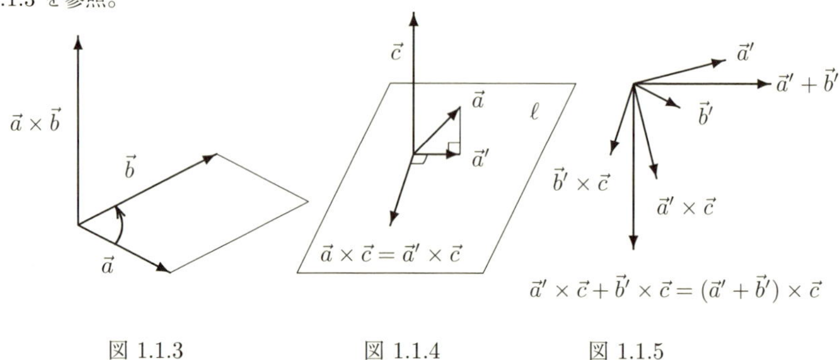

図 1.1.3　　図 1.1.4　　図 1.1.5

例 1.1.2　標準基底 $\vec{e}_1, \vec{e}_2, \vec{e}_3$ についての外積は、定義より、次のようになる。

$$\begin{aligned} &\vec{e}_1 \times \vec{e}_2 = \vec{e}_3, \quad &\vec{e}_2 \times \vec{e}_3 = \vec{e}_1, \quad &\vec{e}_3 \times \vec{e}_1 = \vec{e}_2 \\ &\vec{e}_2 \times \vec{e}_1 = -\vec{e}_3, \quad &\vec{e}_3 \times \vec{e}_2 = -\vec{e}_1, \quad &\vec{e}_1 \times \vec{e}_3 = -\vec{e}_2 \end{aligned}$$

外積は次の性質を持つ。(1) を**交代性**と言い、(2), (3) は線形性である。

定理 1.1.5　(1)　$\vec{a} \times \vec{b} = -\vec{b} \times \vec{a}, \quad \vec{a} \times \vec{a} = \vec{0}$

(2)　$k(\vec{a}) \times \vec{b} = \vec{a} \times (k\vec{b}) = k(\vec{a} \times \vec{b})$

(3)　$(\vec{a} + \vec{b}) \times \vec{c} = \vec{a} \times \vec{c} + \vec{b} \times \vec{c}, \quad \vec{c} \times (\vec{a} + \vec{b}) = \vec{c} \times \vec{a} + \vec{c} \times \vec{b}$

(4)　$\vec{a} = (a_1, a_2, a_3), \vec{b} = (b_1, b_2, b_3)$ ならば、

$$\vec{a} \times \vec{b} = (a_2 b_3 - a_3 b_2, a_3 b_1 - a_1 b_3, a_1 b_2 - a_2 b_1)$$

(証明) (1) (2) は定義から明らか。

(3) 第2の式は、第1の式と (1) とから次のようにして示される。

$$\vec{c} \times (\vec{a} + \vec{b}) = -(\vec{a} + \vec{b}) \times \vec{c} = -\vec{a} \times \vec{c} - \vec{b} \times \vec{c} = \vec{c} \times \vec{a} + \vec{c} \times \vec{b}$$

よって、第1の式 $(\vec{a} + \vec{b}) \times \vec{c} = \vec{a} \times \vec{c} + \vec{b} \times \vec{c}$ を証明する。

$\vec{c}$ に垂直な平面を ℓ とする。ベクトル $\vec{a}, \vec{b}, \vec{c}$ を平行移動して、これらの始点が ℓ 上の1点になるようにする。$\vec{a}, \vec{b}$ の ℓ への正射影を $\vec{a}', \vec{b}'$ とする。すると、$\vec{a}, \vec{c}$ の作る平行四辺形の面積と $\vec{a}', \vec{c}$ の作る長方形の面積は等しいから、$|\vec{a} \times \vec{c}| = |\vec{a}' \times \vec{c}| = |\vec{a}'||\vec{c}|$ であり、向きは同じになるから

$$\vec{a} \times \vec{c} = \vec{a}' \times \vec{c}$$

この外積ベクトルの向きは ℓ 上で $\vec{a}'$ を 90° 回転させた方向であり、大きさは $|\vec{a}'|$ を $|\vec{c}|$ 倍したものである (図 1.1.4 参照)。

さて、$(\vec{a}' + \vec{b}') \times \vec{c} = (\vec{a} + \vec{b}) \times \vec{c}$ は $(\vec{a}' + \vec{b}')$ を ℓ 上で 90° 回転させて $|\vec{c}|$ 倍したものである。図 1.1.5 で示したように、$\vec{a}' \times \vec{c} + \vec{b}' \times \vec{c} = \vec{a} \times \vec{c} + \vec{b} \times \vec{c}$ に等しい。これは証明すべき式を意味する。

(4) $\vec{a} = a_1\vec{e}_1 + a_2\vec{e}_2 + a_3\vec{e}_3$, $\vec{b} = b_1\vec{e}_1 + b_2\vec{e}_2 + b_3\vec{e}_3$ である。この定理 (1) (2) (3) と例 1.1.2 より、次の式を得る。ここで、外積の順番に注意する。

$$\begin{aligned}
\vec{a} \times \vec{b} &= (a_1\vec{e}_1 + a_2\vec{e}_2 + a_3\vec{e}_3) \times (b_1\vec{e}_1 + b_2\vec{e}_2 + b_3\vec{e}_3) \\
&= a_1b_1\vec{e}_1 \times \vec{e}_1 + a_1b_2\vec{e}_1 \times \vec{e}_2 + a_1b_3\vec{e}_1 \times \vec{e}_3 \\
&+ a_2b_1\vec{e}_2 \times \vec{e}_1 + a_2b_2\vec{e}_2 \times \vec{e}_2 + a_2b_3\vec{e}_2 \times \vec{e}_3 \\
&+ a_3b_1\vec{e}_3 \times \vec{e}_1 + a_3b_2\vec{e}_3 \times \vec{e}_2 + a_3b_3\vec{e}_3 \times \vec{e}_3 \\
&= a_1b_2\vec{e}_3 - a_1b_3\vec{e}_2 - a_2b_1\vec{e}_3 + a_2b_3\vec{e}_1 + a_3b_1\vec{e}_2 - a_3b_2\vec{e}_1 \\
&= (a_2b_3 - a_3b_2)\vec{e}_1 + (a_3b_1 - a_1b_3)\vec{e}_2 + (a_1b_2 - a_2b_1)\vec{e}_3 \qquad \square
\end{aligned}$$

問題 1.1.3　$\vec{a} = (1, 2, -1)$, $\vec{b} = (2, 1, 3)$ とする。次の値を計算をせよ。
(1) $\vec{a} \times \vec{b}$　　(2) $\vec{b} \times \vec{a}$　　(3) $(2\vec{a} + 3\vec{b}) \times (\vec{a} - \vec{b})$　　(4) $\vec{a} \times \vec{e}_2$

テスト 1

問 1. 次のベクトルの内積を計算せよ。

(1) $\begin{pmatrix} 1, & 2, & 3 \end{pmatrix} \cdot \begin{pmatrix} -3, & 1, & 2 \end{pmatrix} = \boxed{A}$

(2) $\begin{pmatrix} 3 \\ -2 \\ 4 \end{pmatrix} \cdot \begin{pmatrix} 2 \\ -2 \\ -1 \end{pmatrix} = \boxed{B}$

(3) $\begin{pmatrix} -2 \\ 1 \\ 3 \\ -1 \end{pmatrix} \cdot \begin{pmatrix} -1 \\ 3 \\ -2 \\ 2 \end{pmatrix} = -\boxed{C}$

問 2. 次のベクトルの外積を計算せよ。

(1) $\begin{pmatrix}1, & 2, & -3\end{pmatrix} \times \begin{pmatrix}3, & 1, & -2\end{pmatrix} = \begin{pmatrix}-\boxed{D}, & -\boxed{E}, & -\boxed{F}\end{pmatrix}$

(2) $\begin{pmatrix}3, & 1, & -2\end{pmatrix} \times \begin{pmatrix}1, & 2, & -3\end{pmatrix} = \begin{pmatrix}\boxed{G}, & \boxed{H}, & \boxed{I}\end{pmatrix}$

1.2 行列

1.2.1 定義

数ベクトルは、一列に数を並べたものである。これを拡張し、n 行 m 列の長方形に数を並べたものを $\boldsymbol{n \times m}$ **行列**と呼び、大文字 A で表す。A の i 行 j 列にある数を A の (i, j) **成分**と言い、小文字 a_{ij} で表す。略して $A = (a_{ij})$ とも表示する。

$$A = \begin{pmatrix} a_{11} & a_{12} & \cdots & \cdots & a_{1m} \\ a_{21} & a_{22} & \cdots & \cdots & a_{2m} \\ & \cdots & \cdots & \cdots & \\ & \cdots & a_{ij} & \cdots & \\ & \cdots & \cdots & \cdots & \\ a_{n1} & a_{n2} & \cdots & \cdots & a_{nm} \end{pmatrix} = (a_{ij}) \tag{1.2.1}$$

全ての成分が 0 の行列を**零行列**と呼び、記号 O で表記する。また、$n = m$ の時 $\boldsymbol{n}$ **次正方行列**と呼ぶ。n 次正方行列の対角線にある成分 a_{ii} を**対角成分**と言う。対角成分以外の成分が全て 0 になる行列を**対角行列**と言う。特に対角成分が全て 1 になる対角行列を**単位行列**と呼び、記号 E で表す。

$$\text{対角行列} \quad \begin{pmatrix} a_{11} & & & & \mathbf{0} \\ & \ddots & & & \\ & & a_{ii} & & \\ & & & \ddots & \\ \mathbf{0} & & & & a_{nn} \end{pmatrix}, \quad E = \begin{pmatrix} 1 & & & & \mathbf{0} \\ & \ddots & & & \\ & & 1 & & \\ & & & \ddots & \\ \mathbf{0} & & & & 1 \end{pmatrix} \tag{1.2.2}$$

また、行列 $A = (a_{ij})$ の行と列を入れ替えた行列 (a_{ji}) を**転置行列**と言い、${}^tA$ で表す。つまり、${}^tA$ の (i, j) 成分は a_{ji} (A の (j, i) 成分) である。${}^tA = A$ となる時**対称行列**と言う。対称行列は正方行列であり、対角線 (a_{11} から a_{nn} を結ぶ線) に対称に成分が並んでいる行列である。特に対角行列は対称行列になる。

さて、$n \times m$ 行列 $A = (a_{ij})$ が与えられた時、A の**行ベクトル** $\vec{a}_i$ と**列ベクトル** $\vec{A}_j$ を次のように定義する。

$$\vec{a}_i = (a_{i1}, a_{i2}, \cdots, a_{im}), \qquad \vec{A}_j = \begin{pmatrix} a_{1j} \\ a_{2j} \\ \vdots \\ a_{nj} \end{pmatrix}$$

これらはそれぞれ $1 \times m$ および $n \times 1$ 行列でもある。元の $n \times m$ 行列 A は列ベクトルまたは行ベクトルを用いて、次のようにも表される。

$$A = \begin{pmatrix} \vec{a}_1 \\ \vec{a}_2 \\ \vdots \\ \vec{a}_n \end{pmatrix} = \left(\vec{A}_1, \vec{A}_2, \cdots, \vec{A}_m\right)$$

行列の集合は次のように線形空間になる。$A = (a_{ij})$, $B = (b_{ij})$ を $n \times m$ 行列として、

$$kA = (ka_{ij}), \quad A + B = (a_{ij} + b_{ij}) \tag{1.2.3}$$

この時、次の式は明らかである。

$$A + O = O + A = A, \quad kO = O, \quad E = \begin{pmatrix} \vec{e}_1 \\ \vec{e}_2 \\ \vdots \\ \vec{e}_n \end{pmatrix} = (\vec{e}_1, \vec{e}_2, \cdots, \vec{e}_n)$$

1.2.2 行列の積

本書の主要なテーマの一つは、連立 1 次方程式の解法である。そこで、一番簡単な連立 1 次方程式として、1 次方程式の解法について復習する。

例題 1.2.1 1 次方程式 $ax = d$ を解け。

(解答) $a \neq 0$ の場合、逆数 a^{-1} が存在する。その時、$a^{-1}ax = a^{-1}d$, $1x = x = a^{-1}d$ となり、解はただ一つである。

$a = 0$ の場合、a^{-1} は存在しない。その時、もし $d = 0$ ならば、全ての実数 x が解である。もし $d \neq 0$ ならば、解は無い。

注 この解答では、以下の積に関する事実が使用されている。

(1) a^{-1} は、$a^{-1}a = 1$ となる数である。

(2) 1 は、全ての実数 x に対し、$1x = x$ となる数である。

(3) この解法では、実数に積がある事が本質である。

m 個の未知変数 $x_1, x_2, \cdots, x_m$ と n 個の 1 次式からなる連立方程式

$$\begin{cases} a_{11}x_1 + a_{12}x_2 + \cdots + a_{1m}x_m & = d_1 \\ a_{21}x_1 + a_{22}x_2 + \cdots + a_{2m}x_m & = d_2 \\ \qquad \cdots\cdots & \\ a_{n1}x_1 + a_{n2}x_2 + \cdots + a_{nm}x_m & = d_n \end{cases} \tag{1.2.4}$$

を、上の1次方程式のように解く。そのために、この方程式を形式的に $A\vec{x}=\vec{d}$ と書く。ここで、

$$A=(a_{ij})=\begin{pmatrix}\vec{a}_1\\\vec{a}_2\\\vdots\\\vec{a}_n\end{pmatrix},\quad \vec{x}=\begin{pmatrix}x_1\\x_2\\\vdots\\x_m\end{pmatrix},\quad \vec{d}=\begin{pmatrix}d_1\\d_2\\\vdots\\d_n\end{pmatrix}$$

例題 1.2.1 の注を参考にして、次のように解くこと目標にする。

(1) 連立1次方程式 (1.2.4) の左辺を、行列と列ベクトルの積の定義にする。それを基にして、行列の積 AB を定義する。
(2) 1 に当たる行列として、単位行列 E を取る。
(3) 逆行列 A^{-1} を $AA^{-1}=A^{-1}=E$ により定義する。
(4) 行列式 $|A|$ を導入して、$|A|\neq 0$ が A^{-1} の存在条件である事を示す。
(5) 以上から1次方程式と同様に、
$|A|\neq 0$ ならば、解は唯一つ $\vec{x}=A^{-1}\vec{d}$ である。
$|A|=0$ ならば、解は無数か無い。

方針に従って、(1) のように、連立1次方程式 (1.2.4) の左辺を、行列と列ベクトルの積の定義にする。

定義 1.2.1 $n\times m$ 行列 $A=(a_{ij})=\begin{pmatrix}\vec{a}_1\\\vec{a}_2\\\vdots\\\vec{a}_n\end{pmatrix}$ と m 次元列ベクトル $\vec{b}=\begin{pmatrix}b_1\\b_2\\\vdots\\b_m\end{pmatrix}$ の積は、i 行目の成分が、$(\vec{a}_i,\vec{b})=\sum_{j=1}^m a_{ij}b_j=a_{i1}b_1+a_{i2}b_2+\cdots+a_{im}b_m$ となる n 次元列ベクトル $\vec{c}$ である。

$$A\vec{b}=i\text{ 行}\begin{pmatrix}\cdots&\cdots&\cdots&\cdots\\\cdots&\cdots&\cdots&\cdots\\a_{i1}&a_{i2}&\cdots&a_{im}\\\cdots&\cdots&\cdots&\cdots\\\cdots&\cdots&\cdots&\cdots\end{pmatrix}\begin{pmatrix}b_1\\b_2\\\vdots\\b_m\end{pmatrix}=\begin{pmatrix}\cdots\cdots\cdots\cdots\\\cdots\cdots\cdots\cdots\\a_{i1}b_1+a_{i2}b_2+\cdots+a_{im}b_m\\\cdots\cdots\cdots\cdots\\\cdots\cdots\cdots\cdots\end{pmatrix}i\text{ 行}$$

問題 1.2.1 次の積を計算せよ。

(1) $\begin{pmatrix}2&1\\4&3\end{pmatrix}\begin{pmatrix}3\\-2\end{pmatrix}$ (2) $\begin{pmatrix}1&-3\\2&0\\-1&4\end{pmatrix}\begin{pmatrix}-1\\2\end{pmatrix}$ (3) $\begin{pmatrix}2&-1&3\\1&2&0\end{pmatrix}\begin{pmatrix}1\\2\\3\end{pmatrix}$

(4) $\begin{pmatrix} 2 & -1 & 3 \\ 1 & 2 & 0 \\ 3 & 1 & 2 \end{pmatrix} \begin{pmatrix} 1 \\ 2 \\ 3 \end{pmatrix}$

連立 1 次方程式 $A\vec{x} = \vec{d}$ を、1 次方程式のように解く為には、例題 (1.2.1) 注 (3) から、行列の積 AB を定義する必要がある。その場合、上の定義 1.2.1 から、A と B の k 列 $\vec{B}_k$ の積 $A\vec{B}_k$ が AB の k 列とするのが自然である。よって、$C = AB$ の ik 成分は、

$$c_{ik} = (\vec{a}_i, \vec{B}_k) = \sum_{j=1}^{m} a_{ij} b_{jk} = a_{i1} b_{1k} + a_{i2} b_{2k} + \cdots + a_{im} b_{mk} \tag{1.2.5}$$

この時、例題 (1.2.1) 注 (2) の 1 に当たるのは、単位行列 E である。実際に、$EA = AE = A$ は明らかである。次に、例題 (1.2.1) 注 (1) の a^{-1} に当たるのが、下の定義の逆行列 A^{-1} である。

定義 1.2.2 $n \times m$ 行列 A と $m \times \ell$ 行列 B の**積** AB は、$n \times \ell$ 行列で、その ik 成分が (1.2.5) となる行列である。

$$AB = i\text{ 行}\begin{pmatrix} \cdots & \cdots & \cdots \\ \hline \cdots & \cdots & \cdots \end{pmatrix} \overset{k\text{ 列}}{\begin{pmatrix} \vdots & \vline & \vdots \\ \vdots & \vline & \vdots \\ \vdots & \vline & \vdots \end{pmatrix}}$$

$$= i\text{ 行}\overset{k\text{ 列}}{\begin{pmatrix} & & \vdots & & \\ & & \vdots & & \\ \cdots & \cdots & \sum_{j=1}^{n} a_{ij} b_{jk} & \cdots & \cdots \\ & & \vdots & & \\ & & \vdots & & \end{pmatrix}}$$

A を n 次正方行列とする。A の r 個の積も n 次正方行列になり、A^r で表す。特に、$A^0 = E$ とする。A は、n 次正方行列 A^{-1} があり、$A^{-1}A = AA^{-1} = E$ となる時、**正則**と言い、A^{-1} を A の**逆行列**と呼ぶ。

注 定義から分かるように、数の積と違い、一般には $AB \neq BA$ である。

例 1.2.1 (1) $\begin{pmatrix} 1 & 1 \\ -1 & -1 \end{pmatrix}^2 = O,\ \begin{pmatrix} 2 & -1 \\ 4 & -2 \end{pmatrix}^2 = O,\ \begin{pmatrix} 0 & 1 \\ -1 & 0 \end{pmatrix}^2 = -E$

(2) $I = \begin{pmatrix} 0 & 1 \\ -1 & 0 \end{pmatrix}$ とすると、上で見たように $I^2 = -E$ である。そこで、

$$aE + bI = \begin{pmatrix} a & b \\ -b & a \end{pmatrix}$$

の形の行列全体を考える。この行列 $aE + bI$ は複素数 $a + bi$ に当たる。この対応により複素数は行列により表現される。

(3) $A = \begin{pmatrix} \cos\alpha & -\sin\alpha \\ \sin\alpha & \cos\alpha \end{pmatrix}$ とする。$A\vec{v}$ は、始点が原点のベクトル $\vec{v}$ を原点の周りに角 α 回転させたベクトルである。$B = \begin{pmatrix} \cos\beta & -\sin\beta \\ \sin\beta & \cos\beta \end{pmatrix}$ とする。この時、$\vec{v}$ の角 $(\alpha + \beta)$ の回転は、$AB\vec{v}$ で表される。よって、

$$\begin{aligned} \begin{pmatrix} \cos(\alpha+\beta) & -\sin(\alpha+\beta) \\ \sin(\alpha+\beta) & \cos(\alpha+\beta) \end{pmatrix} &= \begin{pmatrix} \cos\alpha & -\sin\alpha \\ \sin\alpha & \cos\alpha \end{pmatrix} \begin{pmatrix} \cos\beta & -\sin\beta \\ \sin\beta & \cos\beta \end{pmatrix} \\ &= \begin{pmatrix} \cos\alpha\cos\beta - \sin\alpha\sin\beta & -\cos\alpha\sin\beta - \sin\alpha\cos\beta \\ \sin\alpha\cos\beta + \cos\alpha\sin\beta & -\sin\alpha\sin\beta + \cos\alpha\cos\beta \end{pmatrix} \end{aligned}$$

この等式は三角関数の加法定理を表している。

問題 1.2.2 次の行列の積を求めよ。

(1) $\begin{pmatrix} 2 & 3 \\ -4 & 1 \end{pmatrix} \begin{pmatrix} 3 & 4 \\ 1 & 2 \end{pmatrix}$

(2) $\begin{pmatrix} 3 & -1 \\ 4 & 2 \\ -3 & 1 \end{pmatrix} \begin{pmatrix} 5 & -3 & 2 \\ -1 & 1 & 3 \end{pmatrix}$

(3) $\begin{pmatrix} 5 & -3 & 2 \\ -1 & 1 & 3 \end{pmatrix} \begin{pmatrix} 3 & -1 \\ 4 & 2 \\ -3 & 1 \end{pmatrix}$

(4) $\begin{pmatrix} 1 & -2 & 0 \\ -1 & 3 & 2 \\ 2 & 0 & -3 \end{pmatrix} \begin{pmatrix} 2 & -1 & 3 \\ 0 & 1 & -2 \\ 1 & 0 & 2 \end{pmatrix}$

(5) $\begin{pmatrix} 2 & -1 & 3 \\ 0 & 1 & -2 \\ 1 & 0 & 2 \end{pmatrix} \begin{pmatrix} 1 & -2 & 0 \\ -1 & 3 & 2 \\ 2 & 0 & -3 \end{pmatrix}$

(6) $\begin{pmatrix} a_{11} & a_{12} & a_{13} \\ a_{21} & a_{22} & a_{23} \\ a_{31} & a_{32} & a_{33} \end{pmatrix} \begin{pmatrix} 1 & 0 & 0 \\ 0 & 1 & 0 \\ 0 & 0 & 1 \end{pmatrix}$

以下は、行列の積の基本性質である。証明は、定義から直接示せるが省略する。

$$\begin{aligned} &(AB)C = A(BC), \quad k(AB) = (kA)B = A(kB) \\ &A(B+C) = AB + AC, \quad (A+B)C = AC + BC, \\ &(AB)^{-1} = B^{-1}A^{-1} \end{aligned} \tag{1.2.6}$$

上の基本性質の特別な場合として、$\vec{a}, \vec{b}$ を列ベクトルとして、次の式を得る。これを A の左からの積の**線形性**と言う。

(1.2.7) $$A(k\vec{a}) = k(A\vec{a}), \quad A(\vec{a}+\vec{b}) = A\vec{a} + A\vec{b}$$

同様に、$\vec{a}, \vec{b}$ を行ベクトルとして、A の右からの積の**線形性**が得られる。

(1.2.8) $$(k\vec{a})A = k(\vec{a}A), \quad (\vec{a}+\vec{b})A = \vec{a}A + \vec{b}A$$

行列 A が正則ならば、連立 1 次方程式 $A\vec{x} = \vec{d}$ は、次のように解ける。

(1.2.9) $$A^{-1}A\vec{x} = A^{-1}\vec{d}, \quad \vec{x} = E\vec{x} = A^{-1}\vec{d}$$

こうして、以下のような問題が 4 章までの本書の主題になる。

(1) 何時、A は正則になるか？（消去法、階数、行列式）

(2) 逆行列 A^{-1} の求め方。（消去法、余因子）

(3) A が正則でない時の連立 1 次方程式の解。（線形空間、線形写像、$\mathrm{Ker}\,A$, $\mathrm{Im}\,A$）

テスト 2

問 1. 次の行列の積を計算せよ。

(1) $$\begin{pmatrix} 1 & 2 & -3 \\ 2 & 1 & 1 \end{pmatrix} \begin{pmatrix} 3 & 1 \\ -2 & 2 \\ 1 & -1 \end{pmatrix} = \begin{pmatrix} -4 & \boxed{A} \\ 5 & \boxed{B} \end{pmatrix}$$

(2) $$\begin{pmatrix} 3 & 1 \\ -2 & 2 \\ 1 & -1 \end{pmatrix} \begin{pmatrix} 1 & 2 & -3 \\ 2 & 1 & 1 \end{pmatrix} = \begin{pmatrix} \boxed{C} & 7 & -8 \\ 2 & -\boxed{D} & \boxed{E} \\ -1 & \boxed{F} & -4 \end{pmatrix}$$

(3) $$\begin{pmatrix} 2 & 1 & -3 \\ -2 & -1 & 1 \\ 3 & -2 & 1 \end{pmatrix} \begin{pmatrix} -1 & 2 & 3 \\ 3 & 2 & 1 \\ 2 & 2 & 1 \end{pmatrix} = \begin{pmatrix} -5 & \boxed{G} & \boxed{H} \\ \boxed{I} & -4 & -6 \\ -7 & 4 & \boxed{J} \end{pmatrix}$$

問 2. $A = \begin{pmatrix} 0 & 3 & -1 \\ 3 & 4 & 2 \\ 2 & 2 & 1 \end{pmatrix}$ は正則で、逆行列は $A^{-1} = \frac{1}{5}\begin{pmatrix} 0 & -5 & 10 \\ 1 & 2 & -3 \\ -2 & 6 & -9 \end{pmatrix}$ である。

$\vec{d} = \begin{pmatrix} 5 \\ 19 \\ 11 \end{pmatrix}$ として、連立方程式 $A\vec{x} = \vec{d}$ を次のように解け。

$$\boxed{A}\,A\vec{x} = \boxed{A}\,\boxed{B}, \quad \vec{x} = \boxed{C}\,\boxed{B} = \begin{pmatrix} \boxed{D} \\ \boxed{E} \\ \boxed{F} \end{pmatrix}$$

第2章

消去法と基本行列

2.1　消去法

2.1.1　連立1次方程式

連立1次方程式 (1.2.4) を解く手続き (アルゴリズム) を確定させる。それが、以下の**消去法**（掃き出し法）である。本書では、様々な理論を展開するが、実際の計算の大部分は、この消去法によることになるので、十分習熟する必要がある。

さて、連立1次方程式の解法は、次の操作

(1) 二つの式を入れ替える。　　(2) ある式を定数倍する。
(3) ある式にほかの式の定数倍を足す。　　(4) 変数 x_i の順番を変える。

を繰り返して、各式に含まれる変数 x_i を減らし、$x_1 = \alpha_1,\ x_2 - \alpha_2,\ \cdots, x_m = \alpha_m$ の形にすることである。そこで、連立1次方程式 (1.2.4) を、変数と $+, =$ を省略して、$(A\,|\,\vec{d})$ と表すと、上の操作は次の操作に対応する。(1),(2),(3) を**行に関する基本変形**と言う。**列に関する基本変形**も同様である。特に、(4) は列に関する基本変形の一部である。

(2.1.1)　(1)　二つの行を入れ換える。　　(2)　ある行を定数倍する。
(3)　ある行にほかの行の定数倍を足す。　　(4)　A の二つの列を入れ換える。

この変形を繰り返すことで、$(A\,|\,\vec{d}) \to (E\,|\,\vec{\alpha})$ と変形する事が解法である。ここで、$\vec{\alpha}$ は解ベクトルである。具体的には次のような操作が**消去法**である。

(1) 変数 x_1 の消去

(1.1) $a_{11} = 0$ ならば、2行目以下で $a_{i1} \neq 0\ (i \geq 2)$ となる行と入れ換えて、$a_{11} \neq 0$ とする。

もし、全て $a_{i1} = 0$ ならば、この方程式に x_1 は無い。

$$\left(\begin{array}{ccc|c} 0 & a_{12} & \cdots & d_1 \\ \vdots & \vdots & \cdots & \vdots \\ a_{i1}\neq 0 & a_{i2} & \cdots & d_i \\ \vdots & \vdots & \cdots & \vdots \end{array}\right) \to \left(\begin{array}{ccc|c} a_{i1}\neq 0 & a_{i2} & \cdots & d_i \\ \vdots & \vdots & \cdots & \vdots \\ 0 & a_{12} & \cdots & d_1 \\ \vdots & \vdots & \cdots & \vdots \end{array}\right)$$

(1.2) 1 行目を a_{11} で割る。

$$\left(\begin{array}{ccc|c} a_{11} & a_{12} & \cdots & d_1 \\ a_{21} & a_{22} & \cdots & d_2 \\ \vdots & \vdots & \cdots & \vdots \end{array}\right) \div a_{11} \to \left(\begin{array}{ccc|c} 1 & a'_{12} & \cdots & d'_1 \\ a_{21} & a_{22} & \cdots & d_2 \\ \vdots & \vdots & \cdots & \vdots \end{array}\right)$$

(1.3) 2 行 から n 行までの各 i 行から、$a_{i1}\times$ (1 行) を引く。

$$\left(\begin{array}{ccc|c} 1 & a_{12} & \cdots & d_1 \\ a_{21} & a_{22} & \cdots & d_2 \\ \vdots & \vdots & \cdots & \vdots \\ a_{i1} & a_{i2} & \cdots & d_i \\ \vdots & \vdots & \cdots & \vdots \end{array}\right) \begin{array}{c} -a_{21}\times 1 \text{ 行目} \\ \cdots \\ -a_{i1}\times 1 \text{ 行目} \\ \cdots \end{array} \to \left(\begin{array}{ccc|c} 1 & a_{12} & \cdots & d_1 \\ 0 & a'_{22} & \cdots & d'_2 \\ \vdots & \vdots & \cdots & \vdots \\ 0 & a'_{i2} & \cdots & d'_i \\ \vdots & \vdots & \cdots & \vdots \end{array}\right)$$

以上より、1 列目は $\vec{e_1}$ になり、2 行目以下から x_1 は消去された。

(2) 変数 x_2 の消去

(2.1) $a_{22}=0$ ならば、2 行目以下、2 列目以降の $a_{ij}\neq 0$ $(i\geq 2, j\geq 2)$ となる成分を、行と列の入れ換えで 2 行 2 列目にする。こうして、$a_{22}\neq 0$ とする。

$$\left(\begin{array}{ccccc|c} 1 & a_{12} & \cdots & a_{1j} & \cdots & d_1 \\ 0 & 0 & \cdots & a_{2j} & \cdots & d_2 \\ \vdots & \vdots & \cdots & \vdots & \cdots & \vdots \\ 0 & \cdots & \cdots & a_{ij}\neq 0 & \cdots & d_i \\ \vdots & \vdots & \cdots & \vdots & \cdots & \vdots \end{array}\right) \to \left(\begin{array}{ccccc|c} 1 & a_{12} & \cdots & a_{1j} & \cdots & d_1 \\ 0 & \cdots & \cdots & a_{ij} & \cdots & d_i \\ \vdots & \vdots & \cdots & \vdots & \cdots & \vdots \\ 0 & 0 & \cdots & a_{2j} & \cdots & d_2 \\ \vdots & \vdots & \cdots & \vdots & \cdots & \vdots \end{array}\right)$$

$$\to \left(\begin{array}{ccccc|c} 1 & a_{1j} & \cdots & a_{12} & \cdots & d_1 \\ 0 & a_{ij} & \cdots & \cdots & \cdots & d_i \\ \vdots & \vdots & \cdots & \vdots & \cdots & \vdots \\ 0 & a_{2j} & \cdots & 0 & \cdots & d_2 \\ \vdots & \vdots & \cdots & \vdots & \cdots & \vdots \end{array}\right)$$

(2.2) 2 行目を a_{22} で割る。

$$\left(\begin{array}{ccc|c} 1 & a_{12} & \cdots & d_1 \\ 0 & a_{22} & \cdots & d_2 \\ \vdots & \vdots & \cdots & \vdots \\ 0 & a_{i2} & \cdots & d_i \\ \vdots & \vdots & \cdots & \vdots \end{array}\right) \div a_{22} \to \left(\begin{array}{ccc|c} 1 & a_{12} & \cdots & d_1 \\ 0 & 1 & \cdots & d'_2 \\ \vdots & \vdots & \cdots & \vdots \\ 0 & a_{i2} & \cdots & d_i \\ \vdots & \vdots & \cdots & \vdots \end{array}\right)$$

(2.2) 1 行目の式から、$a_{12}\times$ (2 行) を引く。

3 行から n 行の間の各 i 行から $a_{i2}\times$ (2 行) を引く。

$$\left(\begin{array}{ccc|c} 1 & a_{12} & \cdots & d_1 \\ 0 & 1 & \cdots & d_2' \\ \vdots & \vdots & \cdots & \vdots \\ 0 & a_{i2} & \cdots & d_i \\ \vdots & \vdots & \cdots & \vdots \end{array}\right) \begin{array}{c} -a_{12}\times\ 2\text{ 行目} \\ \\ \cdots \\ \\ -a_{i2}\times 2\text{ 行目} \\ \cdots \end{array} \rightarrow \left(\begin{array}{ccc|c} 1 & 0 & \cdots & d_1' \\ 0 & 1 & \cdots & d_2' \\ \vdots & \vdots & \cdots & \vdots \\ 0 & 0 & \cdots & d_i' \\ \vdots & \vdots & \cdots & \vdots \end{array}\right)$$

以上より、2 列目は $\vec{e}_2$ になり、2 行目以外から x_2 は消去された。

これを繰り返して、$x_1, x_2, \cdots, x_{j-1}$ を消去して、$j-1$ 列までを $\vec{e}_1, \vec{e}_2, \cdots, \vec{e}_{j-1}$ にする。

(j) 変数 x_j の消去

(j.1) $a_{jj}=0$ ならば、j 行目以下、j 列目以降で、$a_{i'j'}\neq 0$ ($i'\geq j, j'\geq j$ となる成分をを、行と列の入れ換えで j 行 j 列目にする。こうして、$a_{jj}\neq 0$ とする。

(j.2) j 行目を a_{jj} で割る。

(j.3) j 行目以外の i 行目から、$a_{ij}\times$ (j 行) を引く。

以上より、j 列目は $\vec{e}_j$ になり、j 行目以外から x_j は消去された。

この過程を繰り返す。具体的な計算は、次の例題である。

例題 2.1.1 次の連立 1 次方程式を解け。

$$(1)\ \begin{cases} \quad 2y - z &= 1 \\ 2x - y + 2z &= 2 \\ 3x + y + z &= 4 \end{cases} \quad (2)\ \begin{cases} x + y + z &= 1 \\ x - y + 5z &= 3 \\ 2x + y + 4z &= 3 \end{cases} \quad (3)\ \begin{cases} x + y + z &= 5 \\ x - y + 5z &= 1 \\ 2x + y + 4z &= 3 \end{cases}$$

(解答) (1) 消去法による。ここでは横方向に計算を記述しているが、変形した結果の行列を順番に縦に記述していくのが実用上は便利である。

$$\left(\begin{array}{ccc|c} 0 & 2 & -1 & 1 \\ 2 & -1 & 2 & 2 \\ 3 & 1 & 1 & 4 \end{array}\right) 1\text{ 行目と }2\text{ 行目を入れ替える} \rightarrow \left(\begin{array}{ccc|c} 2 & -1 & 2 & 2 \\ 0 & 2 & -1 & 1 \\ 3 & 1 & 1 & 4 \end{array}\right) \div 2 \quad \rightarrow$$

$$\left(\begin{array}{ccc|c} 1 & -\frac{1}{2} & 1 & 1 \\ 0 & 2 & -1 & 1 \\ 3 & 1 & 1 & 4 \end{array}\right) \begin{array}{c} \\ \\ -3\times\ (1\text{ 行目}) \end{array} \rightarrow \left(\begin{array}{ccc|c} 1 & -\frac{1}{2} & 1 & 1 \\ 0 & 2 & -1 & 1 \\ 0 & \frac{5}{2} & -2 & 1 \end{array}\right) \div 2 \rightarrow$$

$$\left(\begin{array}{ccc|c} 1 & -\frac{1}{2} & 1 & 1 \\ 0 & 1 & -\frac{1}{2} & \frac{1}{2} \\ 0 & \frac{5}{2} & -2 & 1 \end{array}\right) \begin{array}{c} +\frac{1}{2}\times\ (2\text{ 行目}) \\ \\ -\frac{5}{2}\times\ (2\text{ 行目}) \end{array} \rightarrow \left(\begin{array}{ccc|c} 1 & 0 & \frac{3}{4} & \frac{5}{4} \\ 0 & 1 & -\frac{1}{2} & \frac{1}{2} \\ 0 & 0 & -\frac{3}{4} & -\frac{1}{4} \end{array}\right) \div(-\tfrac{3}{4}) \rightarrow$$

$$\left(\begin{array}{ccc|c} 1 & 0 & \frac{3}{4} & \frac{5}{4} \\ 0 & 1 & -\frac{1}{2} & \frac{1}{2} \\ 0 & 0 & 1 & \frac{1}{3} \end{array}\right) \begin{array}{c} -\frac{3}{4}\times\ (3\text{ 行目}) \\ +\frac{1}{2}\times\ (3\text{ 行目}) \end{array} \rightarrow \left(\begin{array}{ccc|c} 1 & 0 & 0 & 1 \\ 0 & 1 & 0 & \frac{2}{3} \\ 0 & 0 & 1 & \frac{1}{3} \end{array}\right) \qquad \text{解} \begin{cases} x &= 1 \\ y &= \frac{2}{3} \\ z &= \frac{1}{3} \end{cases}$$

(2)(3) どちらも変数の係数は同じであるから、同時に消去法を計算する。また計算の説明は省略する。

$$\left(\begin{array}{ccc|cc} 1 & 1 & 1 & 1 & 5 \\ 1 & -1 & 5 & 3 & 1 \\ 2 & 1 & 4 & 3 & 3 \end{array}\right) \to \left(\begin{array}{ccc|cc} 1 & 1 & 1 & 1 & 5 \\ 0 & -2 & 4 & 2 & -4 \\ 0 & -1 & 2 & 1 & -7 \end{array}\right) \to \left(\begin{array}{ccc|cc} 1 & 1 & 1 & 1 & 5 \\ 0 & 1 & -2 & -1 & 2 \\ 0 & -1 & 2 & 1 & -7 \end{array}\right)$$

$$\to \left(\begin{array}{ccc|cc} 1 & 0 & 3 & 2 & 3 \\ 0 & 1 & -2 & -1 & 2 \\ 0 & 0 & 0 & 0 & -5 \end{array}\right) \text{よって、} \quad (2)\begin{cases} x+3z & = 2 \\ y-2z & = -1 \\ 0 & = 0 \end{cases} \quad (3)\begin{cases} x+3z & = 3 \\ y-2z & = 2 \\ 0 & = -5 \end{cases}$$

(2) では、解は無数にある。z を任意の実数として、x, y は次の式で与えられる。解ベクトル $\vec{x} = \begin{pmatrix} x \\ y \\ z \end{pmatrix}$ での表現も記述しておく。

$$\begin{cases} x & = 2-3z \\ y & = -1+2z \end{cases}, \quad \vec{x} = \begin{pmatrix} x \\ y \\ z \end{pmatrix} = \begin{pmatrix} 2-3z \\ -1+2z \\ z \end{pmatrix} = \begin{pmatrix} 2 \\ -1 \\ 0 \end{pmatrix} + z \begin{pmatrix} -3 \\ 2 \\ 1 \end{pmatrix}$$

(3) では、3番目の式 $0 = -5$ は矛盾するから、解は存在しない。

注 (1) 消去法の各段階で対角成分が 1 になるようにその対角成分以下の行と入れ替えると、計算はより簡単になる。同様にその対角成分より右の列を入れ替えてもよいが、その場合は変数を入れ替えている事になるから、最後の解で対応する変数を確認する必要がある。

(2) ここで述べたのは、**ガウス-ジョルダンの消去法**である。解の性質を見るのに優れているが、計算量は多い。元々の**ガウスの消去法**の方が計算量は少ない。これは2段階に分かれている。最初の段階は前進消去で、各列の下半分を消去する。列の入れ替えはしないので、最終的に 0 以外の成分が階段状の行列が出来る。次に後退代入の段階で、下の変数から順に代入していく。前進消去の計算量が半分で済むので、計算量は $\dfrac{2}{3}$ 程度になる。

レポート 1

次の連立1次方程式を消去法により解け。

$$(1)\begin{cases} x+2y+3z & = 1 \\ 2x+y+4z & = -3 \\ 4x+5y+6z & = 7 \end{cases} \qquad (2)\begin{cases} 2x+4y-4z & = -2 \\ x-y-2z & = 2 \\ 2x+3y+z & = 4 \end{cases}$$

(3) $\begin{cases} x_1 + 2x_2 - x_3 - x_4 & = -1 \\ 2x_1 - x_2 + x_3 - x_4 & = -6 \\ -x_1 + x_2 + x_3 - 2x_4 & = -2 \\ 3x_1 + 2x_2 + 2x_3 + x_4 & = 6 \end{cases}$ (4) $\begin{cases} x - y + z & = -2 \\ 2x + y + 5z & = 5 \\ 3x - 2y + 4z & = -3 \end{cases}$

(5) $\begin{cases} x + 2y - z & = 4 \\ x - y + 2z & = 1 \\ 2x + 3y - z & = 4 \end{cases}$ (6) $\begin{cases} x_1 + x_2 - x_3 + x_4 & = 3 \\ -x_1 + 2x_2 - 5x_3 - 4x_4 & = 3 \\ 2x_1 - x_2 + 4x_3 + 5x_4 & = 0 \\ 3x_1 + 2x_2 - x_3 + 4x_4 & = 7 \end{cases}$

テスト 3

問　次の連立方程式を消去法により解け。

$$\begin{cases} 2x - 2y - 2z & = -8 \\ 2x - 3y - 4z & = -16 \\ -3x + y + z & = 2 \end{cases}$$

$$\left(\begin{array}{ccc|c} 2 & -2 & -2 & -8 \\ 2 & -3 & -4 & -16 \\ -3 & 1 & 1 & 2 \end{array}\right) \to \left(\begin{array}{ccc|c} 1 & -1 & -\boxed{A} & -\boxed{B} \\ 2 & -3 & -4 & -16 \\ -3 & 1 & 1 & 2 \end{array}\right) \to$$

$$\left(\begin{array}{ccc|c} 1 & -1 & -\boxed{A} & -\boxed{B} \\ 0 & -1 & -\boxed{C} & -\boxed{D} \\ 0 & -\boxed{E} & -\boxed{F} & -10 \end{array}\right) \to \left(\begin{array}{ccc|c} 1 & -1 & -\boxed{A} & -\boxed{B} \\ 0 & 1 & \boxed{C} & \boxed{D} \\ 0 & -\boxed{E} & -\boxed{F} & -10 \end{array}\right) \to$$

$$\left(\begin{array}{ccc|c} 1 & 0 & \boxed{G} & \boxed{H} \\ 0 & 1 & \boxed{C} & \boxed{D} \\ 0 & 0 & 2 & \boxed{I} \end{array}\right) \to \left(\begin{array}{ccc|c} 1 & 0 & 0 & \boxed{J} \\ 0 & 1 & 0 & \boxed{K} \\ 0 & 0 & 1 & \boxed{L} \end{array}\right), \qquad \begin{cases} x & = \boxed{J} \\ y & = \boxed{K} \\ z & = \boxed{L} \end{cases}$$

2.2 階数

2.2.1 解の数と階数

例題 1.2.1 で見たように、1 次方程式の解の数は、

(1) ただ一つ　(2) 無限個　(3) 解無し

の 3 種類であった。例題 2.1.1 のように、連立 1 次方程式の解の数もこの 3 種類である。3 章で、これを 線形写像と線形空間の概念を使用して理論化する。この節では、その準備

として消去法による説明をする。どちらにしろ、鍵になるのは階数である。

A を n 次正方行列、$\vec{x}$ を未知変数の n 次元列ベクトル、$\vec{d}$ を n 次元列ベクトルとして、連立1次方程式 $A\vec{x}=\vec{d}$ を消去法により解く。消去法の各段階は、A のみに依存するから、A に消去法を適用する事を考える。消去法が最後まで実行できるならば、$A \to E$ になり、連立1次方程式の解は常に唯一つである。そうでない時、消去法が $j=r$ 列まで で止まるのは、次の x_{r+1} の消去の時、段階 (r+1.1) が失敗するからである。それは、$r+1$ 行以下で 0 以外の成分が存在しない場合である。よって、$a_{ij}=0\ (i \geq r+1)$、全て 0 になる場合である。この $r \leq n$ を A の**階数**と言い、$\operatorname{rank} A$ で表す。具体的には次の状態である。

(2.2.1)
$$A \to \begin{pmatrix} E_r & B \\ O & O \end{pmatrix}$$

ここで、E_r は r 次単位行列であり、B は $r \times (n-r)$ 行列である。

消去法では $(A\,|\,\vec{d}) \to \left(\begin{array}{cc|c} E_r & B & \vec{\alpha} \\ O & O & \vec{\beta} \end{array}\right)$ となる。連立1次方程式に戻すと、

(2.2.2)
$$\begin{pmatrix} E_r & B \\ O & O \end{pmatrix}\vec{x} = \begin{pmatrix} \vec{\alpha} \\ \vec{\beta} \end{pmatrix}, \qquad \begin{pmatrix} x_1 \\ \vdots \\ x_r \end{pmatrix} = \vec{\alpha} - B \begin{pmatrix} x_{r+1} \\ \vdots \\ x_m \end{pmatrix}, \quad \vec{0} = \vec{\beta}$$

これから、解が唯一つになるのは消去法が最後まで実行できる $r=n$ の時であり、解無しになるのは、$r<n$ で、$\vec{\beta} \neq \vec{0}$ の時である。$r<n,\ \vec{\beta}=\vec{0}$ の時には、$x_{r+1},\cdots,x_n$ が任意の実数値を取りえるから、解は無限個ある。よって、以下の定理を得る。

定理 2.2.1　A を n 次正方行列とし、$r=\operatorname{rank} A$ を階数とする。連立1次方程式 $(A\,|\,\vec{d})$ に消去法を適用し、

$$(A\,|\,\vec{d}) \to \left(\begin{array}{cc|c} E_r & B & \vec{\alpha} \\ O & O & \vec{\beta} \end{array}\right), \quad B=(b_{ij}),\ \vec{\alpha} = \begin{pmatrix} \alpha_1 \\ \alpha_2 \\ \vdots \\ \alpha_r \end{pmatrix}$$

となるとする。

(1) $r=n$ ならば、解はただ一つ $\vec{x}=\vec{\alpha}$ である。

(2) $r<n,\ \vec{\beta}=0$ ならば、解は無数にあり、$x_i=\alpha_i-\sum_{j=1}^{n-r} b_i x_{r+j}\ (i=1,2,\cdots,r)$ である。ここで、$x_{r+1},x_{r+2},\cdots,x_n$ は任意定数であり、全ての値を取る。解ベクトル $\vec{x}$

で表現すると、

$$\vec{x} = \begin{pmatrix} x_1 \\ x_2 \\ \vdots \\ x_r \\ x_{r+1} \\ \vdots \\ x_n \end{pmatrix} = \begin{pmatrix} \vec{\alpha} \\ \vec{0} \end{pmatrix} - \sum_{j=1}^{n-r} x_{r+j} \begin{pmatrix} \vec{B}_j \\ \vec{e}_j \end{pmatrix}$$

ここで $\vec{B}_j = \begin{pmatrix} b_{1j} \\ \vdots \\ b_{rj} \end{pmatrix}$ は B の j 列ベクトル、$\vec{e}_j = \begin{pmatrix} \vec{0} \\ 1 \\ \vec{0} \end{pmatrix}$ は標準基底である。

(3) $r < n, \vec{\beta} \neq 0$ ならば、解は無い。

次に、A を $n \times m$ 行列、$\vec{x}$ を未知変数の m 次元列ベクトルとして、連立 1 次方程式 $A\vec{x} = \vec{0}$ を消去法により解く。この方程式は自明な解 $\vec{x} = \vec{0}$ を必ず持つ事に注意する。消去法の結果は、(2.2.2) と同じである。ただし、$\vec{\alpha} = \vec{0}, \vec{\beta} = \vec{0}$ である。よって、$r < m$ ならば、解は無数にあり、$r = m$ ならば、解は $\vec{x} = \vec{0}$ のみである。正方行列と同様にこの $r = \operatorname{rank} A$ を A の**階数**と定義する。$r \leq m$ に注意する。

定理 2.2.2 $n \times m$ 行列を A とする。$\operatorname{rank} A = m$ と連立 1 次方程式 $A\vec{x} = \vec{0}$ が自明な解 $\vec{x} = \vec{0}$ のみを持つことは同値である。

また、$n \times m$ 行列 A に対し、連立 1 次方程式 $A\vec{x} = \vec{d}$ が解を持たないのは、消去法で、(2.2.2) の形になり、$r < n, \vec{\beta} \neq \vec{0}$ の時である。A の最後の列として $\vec{d}$ を加えた行列 $\bar{A} = (A, \vec{d})$ を**拡大係数行列**と言う。上の解を持たない条件は、拡大係数行列に消去法を適用した時、$r + 1$ 列以上に進行できる事を意味する。よって、拡大係数行列の階数は $\operatorname{rank} \bar{A} > r$ である。逆に、$\operatorname{rank} \bar{A} > r$ は、(2.2.2) で $\vec{\beta} \neq \vec{0}$ を意味する。対偶を取って、次を得る。

定理 2.2.3 $A\vec{x} = \vec{d}$ が解を持つためには、$\operatorname{rank} A = \operatorname{rank} \bar{A}$ となる事が必要十分条件である。

2.3 基本行列

2.3.1 基本変形

これから、階数と行列の正則性の関係を調べる。$r = \operatorname{rank} A$ とする。行と列の基本変形を両方使えば、

$$A \to \begin{pmatrix} E_r & O \\ O & O \end{pmatrix} \tag{2.3.1}$$

となる。正則性との関連を見るために、基本変形を行列により実現する。次の 3 種類の n 次正方行列を**基本行列**と言う。ここで、E を単位行列、$i \neq j, a \neq 0$ とする。以下で、特に記入していない成分は、対角線が 1、それ以外は 0 とする。

(2.3.2) E の i 列と j 列を入れ替えた行列

$$P_n(i,j) = (\vec{e}_1, \cdots, \vec{e}_j, \cdots, \vec{e}_i, \cdots, \vec{e}_n) = \begin{pmatrix} 1 & & & & & & \\ & \ddots & & & & & \\ & & 0 & & 1 & & \\ & & & \ddots & & & \\ & & 1 & & 0 & & \\ & & & & & \ddots & \\ & & & & & & 1 \end{pmatrix}$$

(2.3.3) E の i 行 i 列成分を a にした行列

$$Q_n(i;a) = (\vec{e}_1, \cdots, a\vec{e}_i, \cdots, \vec{e}_n) = \begin{pmatrix} 1 & & & & & & \\ & \ddots & & & & & \\ & & 1 & & & & \\ & & & a & & & \\ & & & & 1 & & \\ & & & & & \ddots & \\ & & & & & & 1 \end{pmatrix}$$

(2.3.4) E の i 行 j 列成分を a にした行列

$$R_n(i,j;a) = (\vec{e}_1, \cdots, \vec{e}_j + a\vec{e}_i, \cdots, \vec{e}_n) = \begin{pmatrix} 1 & & & & & \\ & \ddots & & & & \\ & & 1 & & a & \\ & & & \ddots & & \\ & & & & 1 & \\ & & & & & \ddots & \\ & & & & & & 1 \end{pmatrix}$$

各基本行列を左から A に掛けると、結果の行列は、A に行についての基本変形を施した行列になる。

(行 1) $P_n(i,j)A$: i 行と j 行を入れ換える。

(行 2) $Q_n(i;a)A$: i 行を a 倍する。

(行 3) $R_n(i,j;a)A$: i 行に j 行の a 倍を足す。

各基本行列を右から A に掛けると、結果の行列は、A に列についての基本変形を施した行列になる。

(列 1) $AP_n(i,j)$: i 列と j 列を入れ換える。

(列 2) $AQ_n(i;a)$: i 列を a 倍する。

(列 3) $AR_n(i,j;a)$: i 列に j 列の a 倍を足す。

基本変形による変形 (2.3.1) は、$PAQ = \begin{pmatrix} E_r & O \\ O & O \end{pmatrix}$ を意味する。ここで、P, Q は基本行列の積である。次の式で見るように、基本行列は全て正則であり、その逆行列も基本行列である。また、P, Q は基本行列の積であるから、(1.2.6) より正則になる。

$$(2.3.5) \qquad P_n(i,j)^2 = E, \quad Q_n(i;a)Q_n(i;\frac{1}{a}) = E, \quad R_n(i,j:a)R_n(i,j;-a) = E$$

特に、$r = n$ ならば、$PAQ = E,\ \ A = P^{-1}EQ^{-1} = P^{-1}Q^{-1}$ となり、A は基本行列の積で表され、正則である。逆に、A が正則ならば、連立 1 次方程式 $A\vec{x} = \vec{0}$ はただ一つの解 $\vec{x} = A^{-1}\vec{0} = \vec{0}$ を持つ。よって、定理 2.2.1 または 定理 2.2.2 から、$r = n$ でなければならない。以上から次の定理を得る。

定理 2.3.1 n 次正方行列 A に対して、次の条件は同値である。

(1) A は正則

(2) $\mathrm{rank}\, A = n$

(3) A は基本行列の積

(4) 連立 1 次方程式 $A\vec{x} = \vec{0}$ の解は $\vec{x} = \vec{0}$ ただ一つ

上の定理から、逆行列の定義 $AA^{-1} = A^{-1}A = E$ はどちらか一つで十分な事が分かる。

定理 2.3.2 A を n 次正方行列とする。

(1) $XA = E$ となる行列 X があるならば、A は正則であり、$X = A^{-1}$ である。さらに、X も正則になり、$A = X^{-1}$ である。

(2) $AX = E$ となる行列 X があるならば、A, X は正則であり、$X = A^{-1}, A = X^{-1}$ である。

(証明) (1) 連立 1 次方程式 $A\vec{x} = \vec{0}$ は、$\vec{x} = E\vec{x} = XA\vec{x} = X\vec{0} = \vec{0}$ から、解はただ一つである。よって、定理 2.3.1 (4) から、A は正則であり、$X = XE = (XA)A^{-1} = EA^{-1} = A^{-1}$

である。逆行列の定義 $AX = XA = E$ から、$X^{-1} = A$ も明らかである。

(2) この定理の (1) から、X は正則であり、$A = X^{-1}$ である。さらに、A も正則になり、$X = A^{-1}$ である。 □

基本行列に関して、次の公式は明らかである。

(2.3.6)
$$P_n(i,j)P_n(k,h) = \begin{cases} P_n(k,h)P_n(i,j) & (h \neq i,j,\ k \neq i,j) \\ P_n(i,k)P_n(i,j) & (h = j) \end{cases},$$
$$P_n(i,j)Q_n(k;a) = \begin{cases} Q_n(k;a)P_n(i,j) & (k \neq i, k \neq j) \\ Q_n(j;a)P_n(i,j) & (k = i) \\ Q_n(i;a)P_n(i,j) & (k = j) \end{cases},$$
$$P_n(i,j)R_n(h,k;a) = \begin{cases} R_n(h,k;a)P_n(i,j) & (h \neq i,j,\ k \neq i,j) \\ R_n(j,k;a)P_n(i,j) & (h = i) \\ R_n(h,i)P_n(i,j) & (k = j) \end{cases}$$

問題 2.3.1 (1) 基本行列の積が基本変形に対応する事を確認せよ。

(2) (2.3.5) を確認せよ。

(3) 定理 2.3.1 を上に述べた事から示せ。

(4) (2.3.6) を示せ。

2.3.2 逆行列

n 次正方行列 A が正則ならば、定理 2.3.1 (3) から、基本行列の積になる。A^{-1} も正則であるから、基本行列の積である。すると、$A^{-1}A = E$ は、行の基本変形のみで、A が E に変形できる事を意味する。$A^{-1} = (x_{ij}) = (\vec{X}_1, \cdots, \vec{X}_n)$ とする。ここで、$\vec{X}_j = \begin{pmatrix} x_{1j} \\ \vdots \\ x_{nj} \end{pmatrix}$ は、A^{-1} の j 列ベクトルである。すると、$AA^{-1} = E$ は、連立 1 次方程式の組 $A\vec{X}_j = \vec{e}_j\ (j = 1, 2, \ldots, n)$ である。最初に述べた事から、行のみの消去法により、$(A\,|\,\vec{e}_j) \to (E\,|\,\vec{X}_j)$ となる。係数は全て同じであるから、同時に消去法を適用すると、次の定理を得る。

定理 2.3.3 n 次正方行列 A が正則ならば、行のみの消去法 $(A\,|\,E) \to (E\,|\,A^{-1})$ により、逆行列 A^{-1} は求まる。

連立 1 次方程式 $A\vec{x} = \vec{d}$ は、逆行列 A^{-1} が分かるならば、(1.2.9) のような解法がある事に注意する。

例題 2.3.1 問 1. 次の行列が逆行列を持つならば逆行列を求めよ。

(1) $A=\begin{pmatrix}0 & 3 & -1\\ 3 & 4 & 2\\ 2 & 2 & 1\end{pmatrix}$ (2) $A=\begin{pmatrix}3 & 1 & -1\\ 2 & -2 & 1\\ 1 & 3 & -2\end{pmatrix}$

問 2. 問 1 (1) の結果を使って、連立 1 次方程式 $\begin{cases}3y \quad - z &= 5\\ 3x+4y+2z &= 19\\ 2x+2y+z &= 11\end{cases}$ を解け。

(解答) 問 1. (1)

$$\left(\begin{array}{ccc|ccc}0 & 3 & -1 & 1 & 0 & 0\\ 3 & 4 & 2 & 0 & 1 & 0\\ 2 & 2 & 1 & 0 & 0 & 1\end{array}\right)\to\left(\begin{array}{ccc|ccc}3 & 4 & 2 & 0 & 1 & 0\\ 0 & 3 & -1 & 1 & 0 & 0\\ 2 & 2 & 1 & 0 & 0 & 1\end{array}\right)\to$$

$$\left(\begin{array}{ccc|ccc}1 & \frac{4}{3} & \frac{2}{3} & 0 & \frac{1}{3} & 0\\ 0 & 3 & -1 & 1 & 0 & 0\\ 2 & 2 & 1 & 0 & 0 & 1\end{array}\right)\to\left(\begin{array}{ccc|ccc}1 & \frac{4}{3} & \frac{2}{3} & 0 & \frac{1}{3} & 0\\ 0 & 3 & -1 & 1 & 0 & 0\\ 0 & -\frac{2}{3} & -\frac{1}{3} & 0 & -\frac{2}{3} & 1\end{array}\right)\to$$

$$\left(\begin{array}{ccc|ccc}1 & \frac{4}{3} & \frac{2}{3} & 0 & \frac{1}{3} & 0\\ 0 & 1 & -\frac{1}{3} & \frac{1}{3} & 0 & 0\\ 0 & -\frac{2}{3} & -\frac{1}{3} & 0 & -\frac{2}{3} & 1\end{array}\right)\to\left(\begin{array}{ccc|ccc}1 & 0 & \frac{10}{9} & -\frac{4}{9} & \frac{1}{3} & 0\\ 0 & 1 & -\frac{1}{3} & \frac{1}{3} & 0 & 0\\ 0 & 0 & -\frac{5}{9} & \frac{2}{9} & -\frac{2}{3} & 1\end{array}\right)\to$$

$$\left(\begin{array}{ccc|ccc}1 & 0 & \frac{10}{9} & -\frac{4}{9} & \frac{1}{3} & 0\\ 0 & 1 & -\frac{1}{3} & \frac{1}{3} & 0 & 0\\ 0 & 0 & 1 & -\frac{2}{5} & \frac{6}{5} & -\frac{9}{5}\end{array}\right)\to\left(\begin{array}{ccc|ccc}1 & 0 & 0 & 0 & -1 & 2\\ 0 & 1 & 0 & \frac{1}{5} & \frac{2}{5} & -\frac{3}{5}\\ 0 & 0 & 1 & -\frac{2}{5} & \frac{6}{5} & -\frac{9}{5}\end{array}\right)$$

注ここでは、行の基本変形のみを使っている。

答え $A^{-1}=\begin{pmatrix}0 & -1 & 2\\ \frac{1}{5} & \frac{2}{5} & -\frac{3}{5}\\ -\frac{2}{5} & \frac{6}{5} & -\frac{9}{5}\end{pmatrix}$

(2)

$$\left(\begin{array}{ccc|ccc}3 & 1 & -1 & 1 & 0 & 0\\ 2 & -2 & 1 & 0 & 1 & 0\\ 1 & 3 & -2 & 0 & 0 & 1\end{array}\right)\to\left(\begin{array}{ccc|ccc}1 & \frac{1}{3} & -\frac{1}{3} & \frac{1}{3} & 0 & 0\\ 2 & -2 & 1 & 0 & 1 & 0\\ 1 & 3 & -2 & 0 & 0 & 1\end{array}\right)\to$$

$$\left(\begin{array}{ccc|ccc}1 & \frac{1}{3} & -\frac{1}{3} & \frac{1}{3} & 0 & 0\\ 0 & -\frac{8}{3} & \frac{5}{3} & -\frac{2}{3} & 1 & 0\\ 0 & \frac{8}{3} & -\frac{5}{3} & -\frac{1}{3} & 0 & 1\end{array}\right)\to\left(\begin{array}{ccc|ccc}1 & \frac{1}{3} & -\frac{1}{3} & \frac{1}{3} & 0 & 0\\ 0 & 1 & -\frac{5}{8} & \frac{1}{4} & -\frac{3}{8} & 0\\ 0 & \frac{8}{3} & -\frac{5}{3} & -\frac{1}{3} & 0 & 1\end{array}\right)\to$$

$$\left(\begin{array}{ccc|ccc}1 & 0 & -\frac{1}{8} & \frac{1}{4} & \frac{1}{8} & 0\\ 0 & 1 & -\frac{5}{8} & \frac{1}{4} & -\frac{3}{8} & 0\\ 0 & 0 & 0 & -1 & 1 & 1\end{array}\right)$$

ここで消去法は止まる。 答え 逆行列 A^{-1} は存在しない。A は正則でない。

注この解答で、最初に 1 行目と 3 行目とを入れ換えておくと、計算はより簡単になる。

問 2. $\vec{x}=\begin{pmatrix}x\\y\\z\end{pmatrix}$ とすると、問 1 から、$\vec{x}=A^{-1}\vec{d}=\begin{pmatrix}0&-1&2\\\frac{1}{5}&\frac{2}{5}&-\frac{3}{5}\\-\frac{2}{5}&\frac{6}{5}&-\frac{9}{5}\end{pmatrix}\begin{pmatrix}5\\19\\11\end{pmatrix}=\begin{pmatrix}3\\2\\1\end{pmatrix}$

レポート 2

問 1. 次の行列は正則か、もし正則ならば消去法により逆行列を求めよ。また、各行列の階数を求めよ。

(1) $\begin{pmatrix}2&1\\3&4\end{pmatrix}$　(2) $\begin{pmatrix}1&1&0\\0&1&1\\1&0&1\end{pmatrix}$　(3) $\begin{pmatrix}0&2&-1\\-2&1&2\\3&-2&-1\end{pmatrix}$　(4) $\begin{pmatrix}2&1&2\\1&-1&2\\-1&-1&0\end{pmatrix}$

(5) $\begin{pmatrix}-4&6\\6&-9\end{pmatrix}$　(6) $\begin{pmatrix}1&-2&-1\\3&1&2\\1&5&4\end{pmatrix}$　(7) $\begin{pmatrix}2&-1&3\\-4&2&-6\\6&-3&9\end{pmatrix}$

問 2. 次の連立 1 次方程式を、逆行列を使って解け。ただし、問 1. (1), (2), (3), (4) の結果を使用せよ。

(1) $\begin{cases}2x+y&=4\\3x+4y&=1\end{cases}$　(2) $\begin{cases}x+y&=-1\\y+z&=1\\x+z&=6\end{cases}$

(3) $\begin{cases}2y-z&=1\\-2x+y+2z&=6\\3x-2y-z&=-4\end{cases}$　(4) $\begin{cases}2x+y+2z&=-2\\x-y+2z&=3\\-x-y&=1\end{cases}$

テスト 4

問 1．　次の行列 A の階数 $r=\operatorname{rank}A$ を求めよ。

(1) $A=\begin{pmatrix}1&2&3\\2&4&5\\1&2&4\end{pmatrix}$　(2) $A=\begin{pmatrix}1&2&3\\2&4&6\\\frac{1}{2}&1&\frac{3}{2}\end{pmatrix}$

問 2．　次の行列の逆行列を消去法により計算せよ。

(1) $\begin{pmatrix} -2 & 2 \\ -4 & 3 \end{pmatrix}^{-1} = \begin{pmatrix} \frac{3}{2} & -\boxed{A} \\ \boxed{B} & -\boxed{C} \end{pmatrix}$

(2) $\begin{pmatrix} 1 & 2 & 1 \\ -1 & -1 & 1 \\ 1 & 4 & 4 \end{pmatrix}^{-1} = \begin{pmatrix} \boxed{D} & \boxed{E} & -\boxed{F} \\ -\boxed{G} & -\boxed{H} & \boxed{I} \\ \boxed{J} & \boxed{K} & -\boxed{L} \end{pmatrix}$

問 3． 次の連立 1 次方程式を問 2 の結果を使って解け。

(1) $\begin{cases} -2x+2y & = 2 \\ -4x+3y & = -2 \end{cases}, \qquad \vec{x} = \begin{pmatrix} x \\ y \end{pmatrix} = A^{-1}\begin{pmatrix} 2 \\ -2 \end{pmatrix} = \begin{pmatrix} \boxed{A} \\ \boxed{B} \end{pmatrix}$

(2) $\begin{cases} x+2y+z & = 3 \\ -x-y+z & = 5 \\ x+4y+4z & = 16 \end{cases}, \qquad \vec{x} = \begin{pmatrix} x \\ y \\ z \end{pmatrix} = A^{-1}\begin{pmatrix} 3 \\ 5 \\ 16 \end{pmatrix} = \begin{pmatrix} -\boxed{C} \\ \boxed{D} \\ \boxed{E} \end{pmatrix}$

第 3 章

行列式

3.1 行列式の定義

3.1.1 2 次行列式

A が正則になる条件は、定理 2.3.1 で与えられているが、いずれも消去法の計算が必要である。A の成分から計算できる量があり、その量により正則かどうかが判定出来るならば、非常に便利である。そのような量は、積と両立するのが望ましい。実際に、**行列式** $|A|$ と呼ばれる量がそれである。行列式は、$|AB| = |A||B|$ を満たす。一般の $|A|$ を定義する前に、まず、2 次行列式を定義する。

係数行列 $A = \begin{pmatrix} a_{11} & a_{12} \\ a_{21} & a_{22} \end{pmatrix}$ の連立 1 次方程式

$$\begin{cases} a_{11}x + a_{12}y &= d_1 \\ a_{21}x + a_{22}y &= d_2 \end{cases} \tag{3.1.1}$$

を解くと

$$\begin{cases} (a_{11}a_{22} - a_{12}a_{21})x &= a_{22}d_1 - a_{12}d_2 \\ (a_{11}a_{22} - a_{12}a_{21})y &= -a_{21}d_1 + a_{11}d_2 \end{cases}$$

になる。x, y の係数が行列式 $|A|$ である。

定義 3.1.1 **2 次行列式** を $|A| = a_{11}a_{22} - a_{12}a_{21}$ により定義する。

もし $|A| \neq 0$ ならば、連立 1 次方程式 (3.1.1) はただ一組の解を持ち、$|A| = 0$ ならば、解は無いか無限個である。定理 2.3.1 から、次の定理を得る。この定理により、正則かどうかの判定が容易になる。

定理 3.1.1 $|A| \neq 0$ ならば A は正則であり、$|A| = 0$ ならば正則でない。

つまり、A が正則になるためには、$|A| \neq 0$ が必要十分条件である。

次の定理は直接計算することで容易に得られる。これらは、n 次行列式でも成り立ち、行列式の基本性質である。

定理 3.1.2 E を単位行列、A, B を 2 次正方行列、$\vec{a} = (a_1, a_2)$, $\vec{b} = (b_1, b_2)$, $\vec{c} = (c_1, c_2)$ を行ベクトルとする。

(1) 積 $|E| = 1, \ |AB| = |A||B|$

(2) 行と列を交換しても同じ値 $|{}^tA| = |A|$

(3) 交代性 $\begin{vmatrix} \vec{b} \\ \vec{a} \end{vmatrix} = -\begin{vmatrix} \vec{a} \\ \vec{b} \end{vmatrix}$

(4) 線形性 $\begin{vmatrix} k\vec{a} \\ \vec{b} \end{vmatrix} = k\begin{vmatrix} \vec{a} \\ \vec{b} \end{vmatrix}, \quad \begin{vmatrix} \vec{a} + \vec{b} \\ \vec{c} \end{vmatrix} = \begin{vmatrix} \vec{a} \\ \vec{c} \end{vmatrix} + \begin{vmatrix} \vec{b} \\ \vec{c} \end{vmatrix}$

注 (1) 上の定理で、(2) 交代性は異質に見えるが、重要である。実際に、$|A| = a_{11}a_{22} + a_{12}a_{21}$ と定義すると、交代性以外は成立するが、肝心の正則性とは何の関係も無くなる。

(2) $A = \begin{pmatrix} a & b \\ c & d \end{pmatrix}$ とし、$|A| = ad - bc \neq 0$ ならば、$A^{-1} = \dfrac{1}{|A|}\begin{pmatrix} d & -b \\ -c & a \end{pmatrix}$ である。

問題 3.1.1 上の定理 3.1.2 と注 (2) を確かめよ。

問題 3.1.2 次の行列の行列式を求めよ。また正則かどうか判定し、正則ならば逆行列を求めよ。

(1) $\begin{pmatrix} 1 & 2 \\ 3 & 4 \end{pmatrix}$ (2) $\begin{pmatrix} -2 & 6 \\ 3 & -9 \end{pmatrix}$ (3) $\begin{pmatrix} \cos\theta & -\sin\theta \\ \sin\theta & \cos\theta \end{pmatrix}$ (4) $\begin{pmatrix} a & b \\ 0 & 0 \end{pmatrix}$

3.1.2 3 次行列式

$A = \begin{pmatrix} a_{11} & a_{12} & a_{13} \\ a_{21} & a_{22} & a_{23} \\ a_{31} & a_{32} & a_{33} \end{pmatrix}$ を 3 次正方行列とし、連立 1 次方程式 $A\vec{x} = \vec{d}$ を解くと、2 次の時と同様に、次の量が現れ、解の個数はそれに依存する。この量が 3 次行列式 $|A|$ である。

定義 3.1.2 3 次行列式 を

$$|A| = a_{11}a_{22}a_{33} + a_{12}a_{23}a_{31} + a_{13}a_{21}a_{32} - a_{12}a_{21}a_{33} - a_{13}a_{22}a_{31} - a_{11}a_{23}a_{32}$$

により定義する。

2 次行列式と同様に、もし $|A| \neq 0$ ならば、$A\vec{x} = \vec{d}$ はただ一組の解を持ち、$|A| = 0$ ならば、解は無いか無限個である。定理 2.3.1 から、定理 3.1.1 を得る。また、定理 3.1.2 の行列式の基本性質も成り立つ。また、次の展開式も成り立つ。

$$|A| = a_{11}\begin{vmatrix} a_{22} & a_{23} \\ a_{32} & a_{33} \end{vmatrix} - a_{12}\begin{vmatrix} a_{21} & a_{23} \\ a_{31} & a_{33} \end{vmatrix} + a_{13}\begin{vmatrix} a_{21} & a_{22} \\ a_{31} & a_{32} \end{vmatrix} \tag{3.1.2}$$

3 次までの行列式の各項の符合を見るためには次の図が有用である.

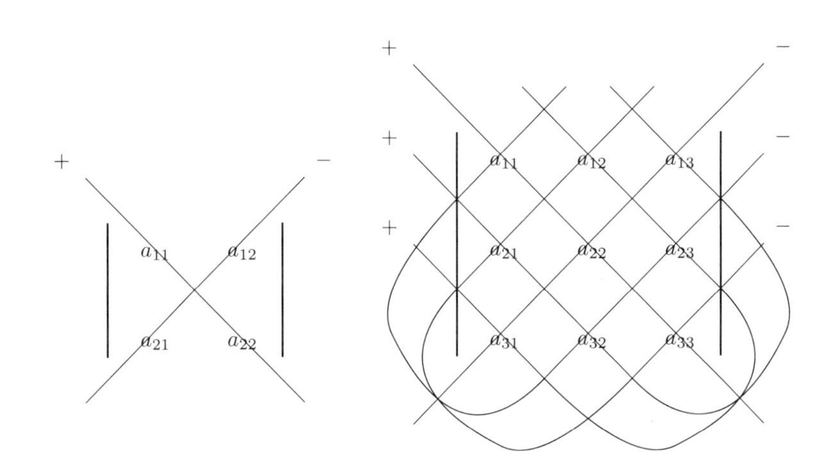

問題 3.1.3 次の行列の行列式を求めよ.

(1) $\begin{vmatrix} 2 & 3 & 1 \\ 3 & 2 & 4 \\ 5 & 1 & 3 \end{vmatrix}$　　(2) $\begin{vmatrix} 2 & 3 & -1 \\ -3 & 2 & 4 \\ 7 & 4 & -6 \end{vmatrix}$

3.1.3 n 次行列式

これまでに見たように、2 次行列式は $|A| = \sum \pm a_{1p_1}a_{2p_2}$、3 次行列式は $\sum \pm a_{1p_1}a_{2p_2}a_{3p_3}$ の形である。この (p_1, p_2), (p_1, p_2, p_3) はそれぞれ $(1, 2)$, $(1, 2, 3)$ を並べ換えたもの (順列) である。以下で定義する n 次行列式も同じ形である。そこで、順列の符合を定義する。

n 個の自然数の列 $(1, 2, \cdots, n)$ を並べ替えたもの $(p_1, p_2, \cdots, p_n)$ を**順列**と呼び、順列全部の集合を S_n で表す。S_n の要素は $n!$ 個ある。順列の二つの数を入れ替える操作を

互換と言う。全ての順列 $(p_1, p_2, \cdots, p_n)$ は $(1, 2, \cdots, n)$ に互換を何回か施す事によって得られる。例えば、次のようにする。

$$(1, 2, \cdots, p_1, \cdots, p_2, \cdots, n) \to (p_1, 2, \cdots, 1, \cdots, p_2, \cdots, n) \to$$
$$\to (p_1, p_2, 3, \cdots, 1, \cdots, 2, \cdots, n) \to (p_1, p_2, p_3, 4, \cdots, n) \to \cdots \to (p_1, p_2, \cdots, p_n)$$

$(1, 2, \cdots, n)$ から、m 回の互換で、順列 $(p_1, p_2, \cdots, p_n)$ が得られるとき、m が偶数の順列を**偶順列**と呼び、m が奇数の順列を**奇順列**と呼ぶ。**順列の符合**を $\mathrm{sgn}(p_1, p_2, \cdots, p_n) = (-1)^m$ で定義する。

例 3.1.1 (1) 順列 $(1, 2, \cdots, n)$ は、互換 0 回で、$\mathrm{sgn}(1, 2, \cdots, n) = 1$ である。

(2) 順列 $(2, 1)$ は、互換 1 回で $\mathrm{sgn}(2, 1) = -1$ である。

(3) 順列 $(2, 1, 3)$ は、1 行と 2 行の互換 1 回であるから、$\mathrm{sgn}(2, 1, 3) = -1$

順列 $(3, 2, 1)$ は、1 行と 3 行の互換 1 回であるから、$\mathrm{sgn}(3, 2, 1) = -1$

順列 $(1, 3, 2)$ は、2 行と 3 行の互換 1 回であるから、$\mathrm{sgn}(1, 3, 2) = -1$

順列 $(2, 3, 1)$ は、1 行と 2 行の互換に、2 行と 3 行の互換で 2 回の互換。$\mathrm{sgn}(2, 3, 1) = 1$

順列 $(3, 1, 2)$ は、3 行と 2 行の互換に、2 行と 1 行の互換で 2 回の互換。$\mathrm{sgn}(3, 1, 2) = 1$

定義 3.1.3 n 次正方行列 $A = (a_{ij})$ の n 次**行列式** $|A|$ を次の式で定義する。

$$|A| = \sum_{(p_1, p_2, \cdots, p_i, \cdots, p_n) \in S_n} \mathrm{sgn}(p_1, p_2, \cdots, p_i, \cdots, p_n)\, a_{1p_1} a_{2p_2} \cdots a_{ip_i} \cdots a_{np_n}$$

問題 3.1.4 例 3.1.1 を使って、2 次行列式と 3 次行列式の定義式を導け。

(補足) 順列 $(p_1, p_2, \cdots, p_n)$ で、$i < j,\ p_i > p_j$ となる数の組 (p_i, p_j) を転位と呼び、転位の総数を順列の転位数と言う。以下、互換と転位数の関係を調べる。

順列 $(\cdots, p_i, \cdots, p_j, \cdots)$ に互換を施して順列 $(\cdots, p_j, \cdots, p_i, \cdots)$ にする。$p_i < p_j$ と仮定する。順列の中の数 p_k $(i < k < j)$ の中で、$p_k < p_i$ となるものの個数を f 個、$p_i < p_k < p_j$ となるものの個数を g 個、$p_j < p_k$ となるものの個数を h 個とする。

$$(\cdots, p_i, \cdots, p_k, \cdots, p_j, \cdots) \to (\cdots, p_j, \cdots, p_k, \cdots, p_i, \cdots)$$

転位の数の変化は、

(1) まず転位 (p_j, p_i) が一つ増える。

(2) $p_k < p_i < p_j$ となる p_k を考えると、f 個の転位 (p_i, p_k) は (p_k, p_i) になるので解消される。だが、新たに f 個の転位 (p_j, p_k) が増え、差し引き 0 である。

(3) $p_i < p_k < p_j$ となる p_k を考えると、新たに $2g$ 個の転位 (p_k, p_i) と (p_j, p_k) が増える。

(4) $p_i < p_j < p_k$ の時は、h 個の転位 (p_k, p_i) が増えるが、転位 (p_k, p_j) が (p_j, p_k) になり解消されるから、差し引き 0 である。

以上から、転位数は $2g+1$ 増える事になる。$p_i > p_j$ の場合は上の転位数の増減を逆にすればよいので、転位数は $2g+1$ 減る事になる。

$(1,2,\cdots,n)$ の転位数は 0 であるから、偶数回の互換による順列（偶順列）の転位数は偶数で、奇数回の互換の順列（奇順列）の転位数は奇数になる。順列の転位数は一つに確定しているから、$(1,2,\cdots,n)$ からその順列を得る互換の数は一定ではないが、転位数が偶数か奇数かによって、偶順列か奇順列かは確定し、順列の符号も転位数により確定する。

この辺の議論は、差積 $\Delta = \prod_{i<j}(x_j - x_i)$ ($\prod$ は積の記号) を使って符号を定義すると簡単になる。

3.2 行列式の性質

3.2.1 交代性と線形性

定義から、すぐに $|E| = 1$ が分かる。1 行が $a_{11} = a$ 以外は全て 0 の $(a, 0, \cdots, 0)$ ならば、$|A|$ の各項 $\mathrm{sgn}(p_1, \cdots, p_n)\ a_{1p_1} \cdots a_{np_n}$ で 0 にならないのは $p_1 = 1$ の時だけである。$\mathrm{sgn}(1, p_2, \cdots, p_n) = \mathrm{sgn}(p_2, \cdots, p_n)$ であるから、

$$\begin{vmatrix} a & \vec{0} \\ * & A' \end{vmatrix} = a|A'|$$

次に、$|A|$ の定義 3.1.3 の各項で、i 行の成分は a_{ip_i} のみであるから、i 行ベクトル $\vec{a}_i = (a_{i1}, \cdots, a_{in})$ について線形性が成り立つ。

$$\begin{vmatrix} \vec{a}_1 \\ \vdots \\ k\vec{a}_i \\ \vdots \\ \vec{a}_n \end{vmatrix} = k \begin{vmatrix} \vec{a}_1 \\ \vdots \\ \vec{a}_i \\ \vdots \\ \vec{a}_n \end{vmatrix}, \qquad \begin{vmatrix} \vec{a}_1 \\ \vdots \\ \vec{a}_i + \vec{b}_i \\ \vdots \\ \vec{a}_n \end{vmatrix} = \begin{vmatrix} \vec{a}_1 \\ \vdots \\ \vec{a}_i \\ \vdots \\ \vec{a}_n \end{vmatrix} + \begin{vmatrix} \vec{a}_1 \\ \vdots \\ \vec{b}_i \\ \vdots \\ \vec{a}_n \end{vmatrix}$$

$i \neq j$ とする。A の i 行と j 行を入れ換えた行列を $B = (b_{ij})$ とすると、$|B|$ の各項は

$$\begin{aligned} &\mathrm{sgn}(p_1, \cdots, p_i, \cdots, p_j, \cdots, p_n)\ b_{1p_1} \cdots b_{ip_i} \cdots b_{jp_j} \cdots b_{np_n} \\ &\qquad = -\,\mathrm{sgn}(p_1, \cdots, p_j, \cdots, p_i, \cdots, p_n)\ a_{1p_1} \cdots a_{jp_i} \cdots a_{ip_j} \cdots a_{np_n} \\ &\qquad\qquad = -\,\mathrm{sgn}(p_1, \cdots, p_j, \cdots, p_i, \cdots, p_n)\ a_{1p_1} \cdots a_{ip_j} \cdots a_{jp_i} \cdots a_{np_n} \end{aligned}$$

以上から、行列式は行ベクトルについて交代性を持つ。$\begin{vmatrix} \vdots \\ \vec{a}_j \\ \vdots \\ \vec{a}_i \\ \vdots \end{vmatrix} = - \begin{vmatrix} \vdots \\ \vec{a}_i \\ \vdots \\ \vec{a}_j \\ \vdots \end{vmatrix}$

特に、i 行と j 行が等しい時、$\vec{a}_i = \vec{a}_j$ ならば、i 行と j 行を入れ換えても同じ行列 A であるから、$|A| = -|A|,\ 2|A| = 0,\ |A| = 0$

これと線形性から、i 行に j 行の k 倍を足しても、行列式は変わらない。

$$\begin{vmatrix} \vdots \\ \vec{a}_i + k\vec{a}_j \\ \vdots \\ \vec{a}_j \\ \vdots \end{vmatrix} = \begin{vmatrix} \vdots \\ \vec{a}_i \\ \vdots \\ \vec{a}_j \\ \vdots \end{vmatrix} + k \begin{vmatrix} \vdots \\ \vec{a}_j \\ \vdots \\ \vec{a}_j \\ \vdots \end{vmatrix} = \begin{vmatrix} \vdots \\ \vec{a}_i \\ \vdots \\ \vec{a}_j \\ \vdots \end{vmatrix}$$

これらは、消去法による行列式の計算に使う。

最後に、$A = (a_{ij})$ とすると、${}^tA = (a_{ji})$ であるから、

$$|{}^tA| = \sum_{(p_1,\cdots,p_n)\in S_n} \mathrm{sgn}(p_1,\cdots,p_n)\ a_{p_1 1}a_{p_2 2}\cdots a_{p_i i}\cdots a_{p_n n}$$

である。$(p_1,\cdots,p_n)$ を小さい順に並べ替える。同じ並べ替えにより、列の順列 $(1,\cdots,n)$ は $(q_1,\cdots,q_n)$ に変わる。よって、$\mathrm{sgn}(p_1,\cdots,p_n) = \mathrm{sgn}(q_1,\cdots,q_n)$ だから

$$|{}^tA| = \sum_{(q_1,\cdots,q_n)\in S_n} \mathrm{sgn}(q_1,\cdots,q_n)\ a_{1q_1}a_{2q_2}\cdots a_{nq_n} = |A|$$

これは、行と列を入れ換えても同じ行列式になる事を意味する。よって、行列式で行ベクトルについてて成り立つ事は、列ベクトルについても成り立つ。以上をまとめて、次の定理を得る。

定理 3.2.1　(1) $|{}^tA| = |A|$: 行で成り立つ事は列でも成り立つ。
列で成り立つ事は行でも成り立つ。

(2) $|E| = 1$

(3) $\begin{vmatrix} a & \vec{0} \\ * & A \end{vmatrix} = a|A|, \quad \begin{vmatrix} a & * \\ \vec{0} & A \end{vmatrix} = a|A|$

(4) **交代性:** 行 $\begin{vmatrix} \vdots \\ \vec{a}_j \\ \vdots \\ \vec{a}_i \\ \vdots \end{vmatrix} = - \begin{vmatrix} \vdots \\ \vec{a}_i \\ \vdots \\ \vec{a}_j \\ \vdots \end{vmatrix}$,　列 $|\cdots,\vec{A}_j,\cdots,\vec{A}_i,\cdots| = -|\cdots,\vec{A}_i,\cdots,\vec{A}_j,\cdots|$

(5) **線形性:** 行 $\begin{vmatrix} \vdots \\ k\vec{a}_i \\ \vdots \end{vmatrix} = k \begin{vmatrix} \vdots \\ \vec{a}_i \\ \vdots \end{vmatrix}$,　$\begin{vmatrix} \vdots \\ \vec{a}_i + \vec{b}_i \\ \vdots \end{vmatrix} = \begin{vmatrix} \vdots \\ \vec{a}_i \\ \vdots \end{vmatrix} + \begin{vmatrix} \vdots \\ \vec{b}_i \\ \vdots \end{vmatrix}$

列 $|\cdots, k\vec{A}_j, \cdots| = k|\cdots, \vec{A}_j, \cdots|$,
$|\cdots, \vec{A}_j + \vec{B}_j, \cdots| = |\cdots, \vec{A}_j, \cdots| + |\cdots, \vec{B}, \cdots|$

(6) 行 $\begin{vmatrix} \vdots \\ \vec{a}_i \\ \vdots \\ \vec{a}_i \\ \vdots \end{vmatrix} = 0$; 二つの行が同じならば行列式は 0

列 $|\cdots, \vec{A}_i, \cdots, \vec{A}_i, \cdots| = 0$: 二つの列が同じならば行列式は 0

(7) 消去法: 行 $\begin{vmatrix} \vdots \\ \vec{a}_i + k\vec{a}_j \\ \vdots \\ \vec{a}_j \\ \vdots \end{vmatrix} = \begin{vmatrix} \vdots \\ \vec{a}_i \\ \vdots \\ \vec{a}_j \\ \vdots \end{vmatrix}$,

列 $|\cdots, \vec{A}_i + k\vec{A}_j, \cdots, \vec{A}_j, \cdots| = |\cdots, \vec{A}_i, \cdots, \vec{A}_j, \cdots|$

注 (5) の線形性は、行 (列) ベクトルでの定数倍の和での、次の線形性を意味する。ここでは、行ベクトルの式のみを挙げるが、列ベクトルでも同様である。

$$\begin{vmatrix} \vdots \\ \sum_{j=1}^m k_j\vec{b}_j \\ \vdots \end{vmatrix} = \begin{vmatrix} \vdots \\ k_1\vec{b}_1 + k_2\vec{b}_2 + \cdots + k_m\vec{b}_m\vec{a} \\ \vdots \end{vmatrix} \tag{3.2.1}$$

$$= k_1 \begin{vmatrix} \vdots \\ \vec{b}_1 \\ \vdots \end{vmatrix} + k_2 \begin{vmatrix} \vdots \\ \vec{b}_2 \\ \vdots \end{vmatrix} + \cdots + k_m \begin{vmatrix} \vdots \\ \vec{b}_m \\ \vdots \end{vmatrix}$$

$$= \sum_{j=1}^m k_j \begin{vmatrix} \vdots \\ \vec{b}_j \\ \vdots \end{vmatrix}$$

3.2.2 消去法による行列式の計算

行列式の定義は項数が $n!$ 個あるから、n が少しでも大きい時は計算に適しない。そこで実際の計算では定理 3.2.1 (3) を使用して次数を下げて計算する事になる。その場合の計算方法は消去法の計算とほぼ同じで、次のように定式化される。

1. $a_{11} = 0$ ならば、定理 3.2.1 (4) により、行を入れ替えて $a_{11} \neq 0$ にする。

この時、第 1 列全てが 0 ならば定義から $|A| = 0$ である。

2．定理 3.2.1 (7) により、各 i 行から $\dfrac{a_{i1}}{a_{11}} \times (1\ 行)$ を引く。

この操作により、a_{11} 以外の 1 列目の成分は全て 0 になる。定理 3.2.1 (3) より、

$$|A| = \begin{vmatrix} a_{11} & a_{12} & \cdots & a_{1n} \\ 0 & & & \\ \vdots & & A' & \\ 0 & & & \end{vmatrix} = a_{11}|A'|$$

以上を繰り返すことで、行列式の次数を減らし、最後は 2 次行列式にする。

例題 3.2.1　行列式 $\begin{vmatrix} 0 & 3 & -2 & 2 \\ -2 & 1 & -3 & 2 \\ 2 & -2 & 4 & 1 \\ 3 & 2 & 1 & -1 \end{vmatrix}$ を求めよ。

(解答)

$$\begin{vmatrix} 0 & 3 & -2 & 2 \\ -2 & 1 & -3 & 2 \\ 2 & -2 & 4 & 1 \\ 3 & 2 & 1 & -1 \end{vmatrix} \ 1\ 行と\ 3\ 行を入れ替える = -\begin{vmatrix} 2 & -2 & 4 & 1 \\ -2 & 1 & -3 & 2 \\ 0 & 3 & -2 & 2 \\ 3 & 2 & 1 & -1 \end{vmatrix} \begin{matrix} \\ +\ 1\ 行 \\ \\ -\frac{3}{2} \times\ 1\ 行 \end{matrix}$$

$$= -\begin{vmatrix} 2 & -2 & 4 & 1 \\ 0 & -1 & 1 & 3 \\ 0 & 3 & -2 & 2 \\ 0 & 5 & -5 & -\frac{5}{2} \end{vmatrix} = -2\begin{vmatrix} -1 & 1 & 3 \\ 3 & -2 & 2 \\ 5 & -5 & -\frac{5}{2} \end{vmatrix} \begin{matrix} \\ +3 \times\ 1\ 行 \\ +5 \times\ 1\ 行 \end{matrix}$$

$$= -2\begin{vmatrix} -1 & 1 & 3 \\ 0 & 1 & 11 \\ 0 & 0 & \frac{25}{2} \end{vmatrix} = 2\begin{vmatrix} 1 & 11 \\ 0 & \frac{25}{2} \end{vmatrix} = 2\frac{25}{2} = 25$$

注 (1) ここでは後の計算の便宜を考慮して最初に 1 行と 3 行を交換したが、最初に 1 行と 2 行を交換するのが普通である。

(2) 実際の計算では、定理 3.2.1 を使用して、計算しやすい (例えば 0 や 1 の成分が多い) 形に予め変形して置くと効率が良い。また、次節の余因子展開も有効である。

3.2.3　行列式の特徴付け

行列式は、上の定理の交代性と線形性によって特徴付けられる。

定理 3.2.2　n 次正方行列 A に値 $D(A)$ を対応させる。$D(A)$ が行 (列) ベクトルについて交代性と線形性を持つならば、$D(A) = D(E)|A|$ である。

(証明) 行ベクトルについて、交代性と線形性が成り立つとする。標準基底ベクトルを $\vec{e}_j = (0, \cdots, 0, 1, 0, \cdots, 0)$ とすると、A の i 行ベクトルは

$$\vec{a}_i = (a_{i1}, \cdots, a_{ij}, \cdots, a_{in}) = \sum_{j=1}^{n} a_{ij}\vec{e}_j \tag{3.2.2}$$

と展開される。線形性から、A の次の展開を得る。ここで、i 行のベクトルの展開の変数 j を、区別する為に j_i としている。

$$D(A) = D\begin{pmatrix} \vec{a}_1 \\ \vdots \\ \vec{a}_i \\ \vdots \\ \vec{a}_n \end{pmatrix} = D\begin{pmatrix} \sum_{j_1=1}^{n} a_{1j_1}\vec{e}_{j_1} \\ \vdots \\ \sum_{j_i=1}^{n} a_{ij_i}\vec{e}_{j_i} \\ \vdots \\ \sum_{j_n=1}^{n} a_{nj_n}\vec{e}_{j_n} \end{pmatrix}$$

$$= \sum_{j_1=1}^{n} \cdots \sum_{j_i=1}^{n} \cdots \sum_{j_n=1}^{n} a_{1j_1} \cdots a_{ij_i} \cdots a_{nj_n} D\begin{pmatrix} \vec{e}_{j_1} \\ \vdots \\ \vec{e}_{j_i} \\ \vdots \\ \vec{e}_{j_n} \end{pmatrix} \tag{3.2.3}$$

最後の式の各項で、$D(j_1, \cdots, j_n) = D\begin{pmatrix} \vec{e}_{j_1} \\ \vdots \\ \vec{e}_{j_n} \end{pmatrix}$ とする。交代性により、等しい行があれば $D(A) = -D(A)$, $D(A) = 0$ であるから、$j_i = j_k$ $(i \neq k)$ ならば、$D(j_1, \cdots, j_n) = 0$ である。よって、上の式 (3.2.3) では $(j_1, \cdots, j_n)$ が順列になる項の和である。その時、交代性から、$D(\cdots, j_k, \cdots, j_i, \cdots) = -D(\cdots, j_i, \cdots, j_k, \cdots)$ であり、互換の繰り返しでこの順列を大きさの順に並べ換えれば、

$$D(j_1, \cdots, j_n) = \mathrm{sgn}(j_1, \cdots, j_n)\ D(1, 2, \cdots, n) = \mathrm{sgn}(j_1, \cdots, j_n)\ D(E),$$

$$D(A) = \sum_{(j_1, j_2, \cdots, j_n) \in S_n} \mathrm{sgn}(j_1, j_2, \cdots, j_n)\ a_{1j_1}a_{2j_2} \cdots a_{nj_n} D(E)$$

以上から、$D(A) = D(E)|A|$ である。 □

次の二つの定理は、定義から直接証明できるが、定理 3.2.2 を使えば、より簡単に証明出来る。

定理 3.2.3 $|AB| = |A||B|$

(証明) $D(A) = |AB|$ と置くと、(1.2.8) により、D は行ベクトルについての線形性を持つ。また、A の i 行は AB の i 行に対応するから、A の行の入れ換えは、AB の行の入

れ換えに対応する。よって、交代性も持つ。さらに、$D(E)=|EB|=|B|$ であるから、定理 3.2.2 より、$|AB|=D(A)=D(E)|A|=|B||A|$ である。　□

定理 3.2.4　$A=(a_{ij})$ を n 次正方行列、$B=(b_{ij})$ を m 次正方行列、C を $m\times n$ 行列、D を $n\times m$ 行列とする。

$$\begin{vmatrix} A & O \\ C & B \end{vmatrix} = \begin{vmatrix} A & D \\ O & B \end{vmatrix} = |A||B|$$

(証明) 行と列の入れ換えにより、どちらか一方を証明すればよい。そこで、$D(A)=\begin{vmatrix} A & O \\ C & B \end{vmatrix}$ と置く。行ベクトルについての線形性と交代性は、行列式のそれらから明らかである。$D(E)=\begin{vmatrix} E & O \\ C & B \end{vmatrix}$ の各項は $\mathrm{sgn}(p_1,\cdots,p_m)\ 1\cdots 1\cdots b_{1p_1}\cdots b_{p_m}$ になるから、$D(E)=|B|$ である。定理 3.2.2 より、$D(A)=D(E)|A|=|A||B|$ となる。　□

上の二つの定理から、A が正則になる事と $|A|\neq 0$ が同値になる事が示される。この定理には、次の節の余因子による逆行列表示を使用した別証明がある。

定理 3.2.5　n 次正方行列 A が正則になるためには、$|A|\neq 0$ が必要十分条件である。

（証明）A が正則ならば、逆行列 A^{-1} があり、$AA^{-1}=E$ である。定理 3.2.3 から、$|A||A^{-1}|=|E|=1$ である。よって、$|A|\neq 0$ になる。

$|A|\neq 0$ とする。P,Q を基本行列の積として、(2.3.1) から、$PAQ=\begin{pmatrix} E_r & O \\ O & O \end{pmatrix}$ となる。基本行列の行列式は 0 でないから、定理 3.2.3 より, $|P|\neq 0,\ |Q|\neq 0$ であり、$|PAQ|=|P||A||Q|\neq 0$ である。一方、定理 3.2.4 から、$\begin{vmatrix} E_r & O \\ O & O \end{vmatrix}=\begin{cases} 1 & (r=n) \\ 0 & (r<n) \end{cases}$ である。以上から $\begin{vmatrix} E_r & O \\ O & O \end{vmatrix}=|PAQ|\neq 0$ は、$r=n$ の時にのみ成り立つ。定理 2.3.1 から、A は正則である。　□

レポート 3

次の行列式を消去法で求めよ。

(1) $\begin{vmatrix} 2 & 3 & 1 \\ 3 & 2 & 4 \\ 5 & 1 & 3 \end{vmatrix}$　(2) $\begin{vmatrix} 2 & 3 & -1 \\ -3 & 2 & 4 \\ 7 & 4 & -6 \end{vmatrix}$　(3) $\begin{vmatrix} 4 & -1 & 1 & 5 \\ 2 & -3 & 5 & 1 \\ 1 & 1 & -2 & 2 \\ 5 & 0 & -1 & 2 \end{vmatrix}$　(4) $\begin{vmatrix} -1 & 6 & 9 & -1 \\ 0 & -3 & -1 & 0 \\ 1 & 9 & 5 & 1 \\ -2 & 0 & 1 & 1 \end{vmatrix}$

テスト 5

問 次の行列の行列式を計算せよ。

(1) $\begin{vmatrix} 2 & 3 \\ 4 & 5 \end{vmatrix} = -\boxed{A}$ (2) $\begin{vmatrix} 3 & 2 \\ -1 & 2 \end{vmatrix} = \boxed{B}$

(3) $\begin{vmatrix} 2 & 3 & 2 \\ 2 & 4 & -3 \\ 3 & -2 & 2 \end{vmatrix} = -\boxed{C}\boxed{D}$ (4) $\begin{vmatrix} 0 & 2 & 1 \\ 3 & -2 & 2 \\ 1 & -3 & -1 \end{vmatrix} = \boxed{E}$

3.3 余因子

3.3.1 余因子展開

行列式は、行ベクトルについて線形性を持つ。従って、行ベクトルが他のベクトルたちの定数倍の和（1 次結合）で表されている時、行列式も定数倍の和に展開出来る。その場合、行ベクトルの表示で自然なのは、標準基底による表示である。この節ではそれを使った行列式の表示を考える。

n 次正方行列 $A = (a_{ij})$ の行ベクトル $\vec{a}_i$ を標準基底で表すと (3.2.2) $\vec{a}_i = \sum_{j=1}^{n} a_{ij}\vec{e}_j$ になり、定理 3.2.1 (4) の線形性を使うと

$$(3.3.1) \quad |A| = \begin{vmatrix} \vec{a}_1 \\ \vdots \\ \sum_{j=1}^n a_{ij}\vec{e}_j \\ \vdots \\ \vec{a}_n \end{vmatrix} = a_{i1}\begin{vmatrix} \vec{a}_1 \\ \vdots \\ \vec{e}_1 \\ \vdots \\ \vec{a}_n \end{vmatrix} + \cdots + a_{ij}\begin{vmatrix} \vec{a}_1 \\ \vdots \\ \vec{e}_j \\ \vdots \\ \vec{a}_n \end{vmatrix} + \cdots + a_{in}\begin{vmatrix} \vec{a}_1 \\ \vdots \\ \vec{e}_n \\ \vdots \\ \vec{a}_n \end{vmatrix} = \sum_{j=1}^{n} a_{ij}\begin{vmatrix} \vec{a}_1 \\ \vdots \\ \vec{e}_j \\ \vdots \\ \vec{a}_n \end{vmatrix}$$

ここで $A = \begin{pmatrix} & & a_{1j} & & \\ & A' & \vdots & B' & \\ a_{i1} & \cdots & a_{ij} & \cdots & a_{in} \\ & C' & \vdots & D' & \\ & & a_{nj} & & \end{pmatrix}$ とすると $\begin{pmatrix} \vec{a}_1 \\ \vdots \\ \vec{e}_j \\ \vdots \\ \vec{a}_n \end{pmatrix} = \begin{pmatrix} & & a_{1j} & & \\ & A' & \vdots & B' & \\ 0 & 0 & 1 & 0 & 0 \\ & C' & \vdots & D' & \\ & & a_{nj} & & \end{pmatrix}$

となる。定理 3.2.1 (5) より各 i' 行から $a_{i'j}\times$ (i 行) を引く事で、j 列の i 行以外の成分を 0 に出来る。それから、1 行を j 行を単に入れ換えると行の順番が狂うので、順にずらす事で、他の行の順番を変えないようにする。つまり、一つ前の行と入れ替えるという操作を $i-1$ 回する事で i 行を 1 行目にずらす。さらに、直前の列と入れ替える操作を

$j-1$ 回して j 列目を1列目にずらす。

$$\begin{vmatrix} \vec{a}_1 \\ \vdots \\ \vec{e}_j \\ \vdots \\ \vec{a}_n \end{vmatrix} = \begin{vmatrix} A' & \vdots & B' \\ 0 & 1 & 0 \\ C' & \vdots & D' \end{vmatrix} = \begin{vmatrix} A' & 0 & B' \\ 0 & 1 & 0 \\ C' & 0 & D' \end{vmatrix} = (-1)^{i-1} \begin{vmatrix} 0 & 1 & 0 \\ A' & 0 & B' \\ C' & 0 & D' \end{vmatrix}$$

$$= (-1)^{i-1}(-1)^{j-1} \begin{vmatrix} 1 & 0 & 0 \\ 0 & A' & B' \\ 0 & C' & D' \end{vmatrix} = (-1)^{i+j} \begin{vmatrix} A' & B' \\ C' & D' \end{vmatrix}$$

この最後に表れた値を A の $\boldsymbol{(i,j)}$ **余因子**と呼び、$\boldsymbol{A_{ij}}$ で表す。これは A から i 行と j 列を抜いて出来る行列の行列式に符合 $(-1)^{i+j}$ を付けたものである。

(3.3.2) $$A_{ij} = (-1)^{i+j} \left| \begin{array}{c|c} A' & B' \\ \hline C' & D' \end{array} \right| \quad \begin{array}{l} j \text{ 列} \\ i \text{ 行} \end{array}$$ A から i 行 j 列を抜いた行列の行列式

なお、符号 $(-1)^{i+j}$ は交互に $+, -$ が現れる。 $\begin{pmatrix} + & - & + & \cdots \\ - & + & - & \cdots \\ + & - & + & \cdots \\ \vdots & \vdots & \vdots & \end{pmatrix}$

以上から (3.3.1) は次の式を意味する。

(3.3.3) $$|A| = a_{i1}A_{i1} + \cdots + a_{ij}A_{ij} + \cdots + a_{in}A_{in} = \sum_{j=1}^{n} a_{ij}A_{ij}$$

この式を行列式の **第 $\boldsymbol{i}$ 行に関する余因子展開**と言う。

同様に列ベクトル $\overrightarrow{A}_j$ を標準基底で表して、$|A|$ を展開すると

$$|A| = \sum_{i=1}^{n} a_{ij}|\vec{A}_1, \cdots, \vec{e}_i, \cdots, \vec{A}_n|$$

となり、各項で $|\vec{A}_1, \cdots, \vec{e}_i, \cdots, \vec{A}_n| = A_{ij}$ となるから、**第 $\boldsymbol{j}$ 列に関する余因子展開**

(3.3.4) $$|A| = a_{1j}A_{1j} + \cdots + a_{ij}A_{ij} + \cdots + a_{nj}A_{nj} = \sum_{i=1}^{n} a_{ij}A_{ij}$$

を得る。

例 3.3.1 (1) 行列 $A=\begin{pmatrix} a & b \\ c & d \end{pmatrix}$ の余因子は $A_{11}=d,\ A_{12}=-c,\ A_{21}=-b,\ A_{22}=a$ である。行に関する余因子展開は次のようになる。

$$|A|=ad-bc=aA_{11}+bA_{12}, \qquad |A|=-bc+ad=cA_{21}+dA_{22}$$

列に関する余因子展開は次のようになる。

$$|A|=ad-bc=aA_{11}+cA_{21}, \qquad |A|=-bc+ad=bA_{12}+dA_{22}$$

(2) 行列 $A=\begin{pmatrix} 0 & 3 & -1 \\ 3 & 4 & 2 \\ 2 & 2 & 1 \end{pmatrix}$ の余因子は次のようになる。

$$A_{11}=\begin{vmatrix} 4 & 2 \\ 2 & 1 \end{vmatrix}=0, \qquad A_{12}=-\begin{vmatrix} 3 & 2 \\ 2 & 1 \end{vmatrix}=1, \qquad A_{13}=\begin{vmatrix} 3 & 4 \\ 2 & 2 \end{vmatrix}=-2$$

$$A_{21}=-\begin{vmatrix} 3 & -1 \\ 2 & 1 \end{vmatrix}=-5, \quad A_{22}=\begin{vmatrix} 0 & -1 \\ 2 & 1 \end{vmatrix}=2, \qquad A_{23}=-\begin{vmatrix} 0 & 3 \\ 2 & 2 \end{vmatrix}=6$$

$$A_{31}=\begin{vmatrix} 3 & -1 \\ 4 & 2 \end{vmatrix}=10, \quad A_{32}=-\begin{vmatrix} 0 & -1 \\ 3 & 2 \end{vmatrix}=-3, \quad A_{33}=\begin{vmatrix} 0 & 3 \\ 3 & 4 \end{vmatrix}=-9$$

1 行に関する余因子展開から、$|A|=0\cdot 0+3\cdot 1+(-1)(-2)=5$ である。

3 列に関する余因子展開は $|A|=(-1)\cdot(-2)+2\cdot 6+1\cdot(-9)=5$ である。

問題 3.3.1 次の行列の余因子を全て求めよ。また 1 行に関する余因子展開から行列式の値も求めよ。

(1) $\begin{pmatrix} 2 & 1 \\ 3 & 4 \end{pmatrix}$ (2) $\begin{pmatrix} 1 & 1 & 0 \\ 0 & 1 & 1 \\ 1 & 0 & 1 \end{pmatrix}$ (3) $\begin{pmatrix} 0 & 2 & -1 \\ -2 & 1 & 2 \\ 3 & -2 & -1 \end{pmatrix}$ (4) $\begin{pmatrix} 2 & 1 & 2 \\ 1 & -1 & 2 \\ -1 & -1 & 0 \end{pmatrix}$

行列式を求めるには、消去法を使用する前に定理 3.2.1 を使って計算しやすい形に変形すると便利である。特に文字式を成分とする行列式にはこの手法が有効で、余因子展開と併用する事で、因数分解の公式が得られる事が多い。

例題 3.3.1 次の行列式を求めよ.

(1) $\begin{vmatrix} a & b & c \\ c & a & b \\ b & c & a \end{vmatrix}$ (2) $\begin{vmatrix} 1 & a & a^3 \\ 1 & b & b^3 \\ 1 & c & c^3 \end{vmatrix}$

(解答) (1) 1 列に 2 列と 3 列を足すと、1 列の成分は全て $a+b+c$ になり、

$$\begin{vmatrix} a+b+c & b & c \\ a+b+c & a & b \\ a+b+c & c & a \end{vmatrix} = (a+b+c)\begin{vmatrix} 1 & b & c \\ 1 & a & b \\ 1 & c & a \end{vmatrix} = (a+b+c)\begin{vmatrix} 1 & b & c \\ 0 & a-b & b-c \\ 0 & c-b & a-c \end{vmatrix}$$
$$= (a+b+c)\{(a-b)(a-c)+(b-c)^2\}$$
$$= (a+b+c)(a^2+b^2+c^2-ab-bc-ca)$$

一方, 1 列目に関する余因子展開により,

$$a\begin{vmatrix} a & b \\ c & a \end{vmatrix} - b\begin{vmatrix} c & b \\ b & a \end{vmatrix} + c\begin{vmatrix} c & a \\ b & c \end{vmatrix} = a^3+b^3+c^3-3abc$$

両方の式から因数分解の公式 $a^3+b^3+c^3-3abc = (a+b+c)(a^2+b^2+c^2-ab-bc-ca)$ が得られる。

(2) 2 行と 3 行から 1 行を引き、因数分解

$$b^3-a^3 = (b-a)(b^2+ab+a^2),\ c^3-a^3 = (c-a)(c^2+ac+a^2)$$

を使い、

$$\begin{vmatrix} 1 & a & a^3 \\ 0 & b-a & b^3-a^3 \\ 0 & c-a & c^3-a^3 \end{vmatrix} = (b-a)(c-a)\begin{vmatrix} 1 & b^2+ab+a^2 \\ 1 & c^2+ca+a^2 \end{vmatrix}$$
$$= (b-a)(c-a)(c^2-b^2+ca-ab)$$
$$= (b-a)(c-a)(c-b)(c+b+a)$$
$$= (a+b+c)(a-b)(b-c)(c-a)$$

一方、1 列に関する余因子展開より

$$\begin{vmatrix} b & b^3 \\ c & c^3 \end{vmatrix} - \begin{vmatrix} a & a^3 \\ c & c^3 \end{vmatrix} + \begin{vmatrix} a & a^3 \\ b & b^3 \end{vmatrix} = ab^3+bc^3+ca^3-a^3b-b^3c-c^3a$$

以上から因数分解の公式 $ab^3+bc^3+ca^3-a^3b-b^3c-c^3a = (a+b+c)(a-b)(b-c)(c-a)$ が得られる。

レポート 4

問 1. 次の行列の余因子を全て求め、$|A|$ も求めよ。

(1) $A = \begin{pmatrix} 1 & 2 & 3 \\ 4 & 5 & 6 \\ 7 & 8 & 9 \end{pmatrix}$　　(2) $A = \begin{pmatrix} 1 & 2 & 2 \\ 3 & 3 & 4 \\ 2 & 3 & 1 \end{pmatrix}$

問 2. 次の行列式を因数分解の形で求めよ。

(1) $\begin{vmatrix} x & a & b \\ a & x & b \\ a & b & x \end{vmatrix}$　　(2) $\begin{vmatrix} a+x & b & c \\ a & b+x & c \\ a & b & c+x \end{vmatrix}$　　(3) $\begin{vmatrix} 1 & 1 & 1 & 1 \\ x_1 & x_2 & x_3 & x_4 \\ x_1^2 & x_2^2 & x_3^2 & x_4^2 \\ x_1^3 & x_2^3 & x_3^3 & x_4^3 \end{vmatrix}$

ヒント (1) 1 列目に 2 列と 3 列を足し、共通因子でくくる。そして、1 列目の 2 行以下が 0 になるように消去法。

(2) 1 列目に 2 列と 3 列を足す。

(3) 4 行 $-x_1\times$ 3 行、3 行 $-x_1\times$ 2 行、2 行 $-x_1\times$ 1 行を作り、3 次行列式にし、各列の共通因子をくくり出す。

この行列式は差積であり、4 次の**ヴァンデルモンドの行列式**と呼ばれている。

テスト 6

問 1.　行列 $A = \begin{pmatrix} -3 & 1 & -4 \\ -1 & 2 & -2 \\ 3 & 2 & 1 \end{pmatrix}$ について次を計算せよ。

ただし正の数は符号 + をつけよ。また 0 は +0 にせよ。

例えば、2 ならば答えは +2、3 ならば答えは +3、−4 ならば答えは −4

(1) 余因子 A_{11}, A_{12}, A_{13}

(2) 行列式 $|A|$

問 2.　行列 $A = \begin{pmatrix} 2 & -3 & -1 \\ -1 & 2 & 2 \\ 3 & -2 & 1 \end{pmatrix}$ について次を計算せよ。

ただし正の数は符号 + をつけよ。また 0 は +0 にせよ。

例えば、2 ならば答えは +2、3 ならば答えは +3、−4 ならば答えは −4

(1) 余因子 A_{12}, A_{22}, A_{32}

(2) 行列式 $|A|$

問 3.　行列式 $A = \begin{pmatrix} a & b & c \\ b & a & c \\ c & b & a \end{pmatrix}$ について次を計算せよ。ただし、各枠内は a, b, c のどれかである。

(1) 余因子により計算すると、
$|A| = \boxed{A}^3 - \boxed{B}b^2 - a\boxed{C}^2 - abc + b\boxed{D}^2 + c\boxed{E}^2$

(2) 行列式の性質を使うと、
$|A| = (a + \boxed{F} + c)(\boxed{G} - b)(a - \boxed{H})$

3.3.2 逆行列の余因子表示

余因子展開の式 (3.3.3) を少し変えた $\sum_{j=1}^{n} a_{ij}A_{kj}$ はどんな値になるだろうか？ $k \neq i$ として、行列 $A = (a_{ij})$ の k 行 $\vec{a}_k = (a_{k1}, \cdots, a_{kn})$ を i 行 $\vec{a}_i = (a_{i1}, \cdots, a_{in})$ で置き換えた行列を $B = (b_{ij})$ とする。二つの行が等しいから、$|B| = 0$ である。また、$b_{kj} = a_{ij}$ であり、k 行の余因子は $B_{kj} = A_{kj}$ である。そこで、B の k 行に関する余因子展開から

$$a_{i1}A_{k1} + \cdots + a_{in}A_{kn} = \sum_{j=1}^{n} a_{ij}A_{kj} = \sum_{j=1}^{n} b_{kj}B_{kj} = |B| = 0$$

同様に A の k 列を j 列で置き換えた行列の k 列に関する余因子展開から

$$a_{1j}A_{1k} + \cdots + a_{nj}A_{nk} = \sum_{i=1}^{n} a_{ij}A_{ik} = 0$$

余因子展開と合わせて、次の定理を得る。

定理 3.3.1

$$a_{i1}A_{k1} + \cdots + a_{in}A_{kn} = \sum_{j=1}^{n} a_{ij}A_{kj} = \begin{cases} |A| & (k = i) \\ 0 & (k \neq i) \end{cases}$$

$$a_{1j}A_{1k} + \cdots + a_{nj}A_{nk} = \sum_{i=1}^{n} a_{ij}A_{ik} = \begin{cases} |A| & (k = j) \\ 0 & (k \neq j) \end{cases}$$

行列 A の余因子 A_{ij} を行と列を入れ替えて並べて出来る行列 (A_{ji}) を**余因子行列**と呼び、$\widetilde{A}$ で表す。

$$(3.3.5)\quad A = \begin{pmatrix} a_{11} & a_{12} & \cdots & \cdots & a_{1n} \\ a_{21} & a_{22} & \cdots & \cdots & a_{2n} \\ & \vdots & \vdots & \vdots & \\ a_{i1} & \cdots & a_{ij} & \cdots & a_{in} \\ & \vdots & \vdots & \vdots & \\ a_{n1} & a_{n2} & \cdots & \cdots & a_{nn} \end{pmatrix}, \quad \widetilde{A} = \begin{pmatrix} A_{11} & A_{21} & \cdots & \cdots & A_{n1} \\ A_{12} & A_{22} & \cdots & \cdots & A_{n2} \\ & \vdots & \vdots & \vdots & \\ A_{1i} & \cdots & A_{ji} & \cdots & A_{ni} \\ & \vdots & \vdots & \vdots & \\ A_{1n} & A_{2n} & \cdots & \cdots & A_{nn} \end{pmatrix}$$

すると、上の定理は $A\widetilde{A} = |A|E$, $\widetilde{A}A = |A|E$ を意味する。よって、逆行列の具体的な表示と正則の判定条件を得る。この定理の (2) はすでに定理 3.2.5 で別証明を与えている。

定理 3.3.2　(1) $|A| \neq 0$ ならば $A^{-1} = \dfrac{1}{|A|}\widetilde{A}$ である。

(2) 行列 A が正則になるためには、$|A| \neq 0$ が必要十分条件である。

(証明) (1) 上に述べた事から、明らかである。

(2) A が正則ならば、$AA^{-1} = E$ であり、定理 3.2.3 から、$|A||A^{-1}| = |E| = 1$ は $|A| \neq 0$ を意味する。

$|A| \neq 0$ ならば、(1) から A^{-1} があり、正則である。　□

例 3.3.2　例 3.3.1 で求めた余因子を使って、各行列の逆行列を求める。

(1) 行列 $A = \begin{pmatrix} a & b \\ c & d \end{pmatrix}$ は $|A| = ad - bc \neq 0$ の時にのみ正則になり、

$$A^{-1} = \frac{1}{ad - bc}\begin{pmatrix} d & -b \\ -c & a \end{pmatrix}$$

(2) 行列 $A = \begin{pmatrix} 0 & 3 & -1 \\ 3 & 4 & 2 \\ 2 & 2 & 1 \end{pmatrix}$ は $|A| = 5$ であるから正則であり、

$$A^{-1} = \frac{1}{5}\begin{pmatrix} 0 & -5 & 10 \\ 1 & 2 & -3 \\ -2 & 6 & -9 \end{pmatrix} = \begin{pmatrix} 0 & -1 & 2 \\ \frac{1}{5} & \frac{2}{5} & -\frac{3}{5} \\ -\frac{2}{5} & \frac{6}{5} & -\frac{9}{5} \end{pmatrix}$$

3.3.3　クラメルの公式

余因子による逆行列の表現を使って、連立方程式の解の公式を導く。$A = (a_{ij})$ を n 次正方行列とし、未知変数ベクトルを $\vec{x} = \begin{pmatrix} x_1 \\ \vdots \\ x_i \\ \vdots \\ x_n \end{pmatrix}$、定数ベクトルを $\vec{d} = \begin{pmatrix} d_1 \\ \vdots \\ d_i \\ \vdots \\ d_n \end{pmatrix}$ とする。連立方程式 $A\vec{x} = \vec{d}$ の解を求める。$|A| \neq 0$ とすると $A^{-1} = \dfrac{1}{|A|}\widetilde{A}$ であるから、$A^{-1}A\vec{x} = A^{-1}\vec{d}$ より、$\vec{x} = A^{-1}\vec{d} = \dfrac{1}{|A|}\widetilde{A}\vec{d}$ である。よって、

$$x_i = \frac{A_{1i}d_1 + \cdots + A_{ni}d_n}{|A|} = \frac{\sum_{j=1}^{n} d_j A_{ji}}{|A|}$$

そこで、行列 A の i 列を $\vec{d}$ で置き換えた行列を B とすると i 列の余因子は $B_{ji} = A_{ji}$ になり、i 列の余因子展開から、

$$|B| = d_1 A_{1i} + \cdots + d_n A_{ni} = \sum_{j=1}^{n} d_j A_{ji}$$

となる。以上から次の公式を得る。

定理 3.3.3（クラメルの公式） $|A| \neq 0$ ならば連立方程式 $A\vec{x} = \vec{d}$ はただ一組の解を持ち、

$$x_i = \frac{\begin{vmatrix} a_{11} & \cdots & d_1 & \cdots & a_{1n} \\ & \vdots & \vdots & \vdots & \\ a_{j1} & \cdots & d_j & \cdots & a_{jn} \\ & \vdots & \vdots & \vdots & \\ a_{n1} & \cdots & d_n & \cdots & a_{nn} \end{vmatrix}}{|A|}$$

ここで分子は A の i 列を $\vec{d}$ で置き換えた行列の行列式である。

注 定義 4.2.1 の 1 次従属の概念を使用すると、この公式の意味は明快になる。$\vec{d} = \vec{0}$ の時は自明であるから、$\vec{d} \neq \vec{0}$ とする。すると、$\vec{x} \neq \vec{0}$ であり、A の列ベクトル $\vec{A}_j$ を使用して連立方程式を書き換えると、

$$\sum_{j=1}^{n} x_j \vec{A}_j = \vec{d}, \qquad x_1\vec{A}_1 + \cdots + (x_i\vec{A}_i - \vec{d}) + \cdots + x_n\vec{A}_n = \vec{0}$$

この式から、これらのベクトルは 1 次従属である。定理 4.2.2 (3) により行列式は 0 になる。よって、

$$\begin{aligned} \left|\vec{A}_1, \cdots, (x_i\vec{A}_i - \vec{d}), \cdots, \vec{A}_n\right| &= 0 \\ x_i \left|\vec{A}_1, \cdots, \vec{A}_i, \cdots, \vec{A}_n\right| - \left|\vec{A}_1, \cdots, \vec{d}, \cdots, \vec{A}_n\right| &= 0 \\ x_i|A| &= \left|\vec{A}_1, \cdots, \vec{d}, \cdots, \vec{A}_n\right| \end{aligned}$$

この式は、クラメルの公式を意味する。

例題 3.3.2　次の連立方程式をクラメルの公式により解け。

(1) $\begin{cases} x + 2y &= 5 \\ 3x + 4y &= 6 \end{cases}$　　(2) $\begin{cases} 2y - z &= 1 \\ 2x - y + 2z &= 2 \\ 3x + y + z &= 4 \end{cases}$

(解答) (1) $|A| = 4-6 = -2$, $\begin{vmatrix} 5 & 2 \\ 6 & 4 \end{vmatrix} = 20-12 = 8$, $\begin{vmatrix} 1 & 5 \\ 3 & 6 \end{vmatrix} = 6-15 = -9$

$x = \dfrac{8}{-2} = -4, \qquad y = \dfrac{-9}{-2} = \dfrac{9}{2}$

(2) $|A| = \begin{vmatrix} 0 & 2 & -1 \\ 2 & -1 & 2 \\ 3 & 1 & 1 \end{vmatrix} = -\begin{vmatrix} 2 & -1 & 2 \\ 0 & 2 & -1 \\ 3 & 1 & 1 \end{vmatrix} = -\begin{vmatrix} 2 & -1 & 2 \\ 0 & 2 & -1 \\ 0 & \frac{5}{2} & -2 \end{vmatrix} = -2(-4+\frac{5}{2}) = 3$

$$\begin{vmatrix} 1 & 2 & -1 \\ 2 & -1 & 2 \\ 4 & 1 & 1 \end{vmatrix} = \begin{vmatrix} 1 & 2 & -1 \\ 0 & -5 & 4 \\ 0 & -7 & 5 \end{vmatrix} = 1(-25+28) = 3$$

$$\begin{vmatrix} 0 & 1 & -1 \\ 2 & 2 & 2 \\ 3 & 4 & 1 \end{vmatrix} = -\begin{vmatrix} 2 & 2 & 2 \\ 0 & 1 & -1 \\ 3 & 4 & 1 \end{vmatrix} = -2\begin{vmatrix} 1 & 1 & 1 \\ 0 & 1 & -1 \\ 3 & 4 & 1 \end{vmatrix} = -2\begin{vmatrix} 1 & 1 & 1 \\ 0 & 1 & -1 \\ 0 & 1 & -2 \end{vmatrix} = -2(-2+1) = 2$$

$$\begin{vmatrix} 0 & 2 & 1 \\ 2 & -1 & 2 \\ 3 & 1 & 4 \end{vmatrix} = -\begin{vmatrix} 2 & -1 & 2 \\ 0 & 2 & 1 \\ 3 & 1 & 4 \end{vmatrix} = -\begin{vmatrix} 2 & -1 & 2 \\ 0 & 2 & 1 \\ 0 & \frac{5}{2} & 1 \end{vmatrix} = -2(2-\frac{5}{2}) = 1$$

$x = \dfrac{3}{3} = 1, \quad y = \dfrac{2}{3}, \quad z = \dfrac{1}{3}$

クラメルの公式は理論を展開する為に非常に重要である。その上、非常にきれいな形をしている。だが、この例題を見ても分かるように、次数が大きい場合は実用的ではない。

レポート 5

問 1. 余因子を使用して、次の行列の逆行列を求めよ。

(1) $\begin{pmatrix} 2 & 1 \\ 3 & 4 \end{pmatrix}$　(2) $\begin{pmatrix} 1 & 1 & 0 \\ 0 & 1 & 1 \\ 1 & 0 & 1 \end{pmatrix}$　(3) $\begin{pmatrix} 0 & 2 & -1 \\ -2 & 1 & 2 \\ 3 & -2 & -1 \end{pmatrix}$　(4) $\begin{pmatrix} 2 & 1 & 2 \\ 1 & -1 & 2 \\ -1 & -1 & 0 \end{pmatrix}$

問 2. 次の連立方程式をクラメルの公式により解け。

(1) $\begin{cases} x+2y+3z &= 1 \\ 2x+y+4z &= -3 \\ 4x+5y+6z &= 7 \end{cases}$　(2) $\begin{cases} 2x+4y-4z &= -2 \\ x-y-2z &= 2 \\ 2x+3y+z &= 4 \end{cases}$

$$(3)\ \begin{cases} x_1 + 2x_2 - x_3 - x_4 & = -1 \\ 2x_1 - x_2 + x_3 - x_4 & = -6 \\ -x_1 + x_2 + x_3 - 2x_4 & = -2 \\ 3x_1 + 2x_2 + 2x_3 + x_4 & = 6 \end{cases}$$

テスト 7

問 1. 行列 $A = \begin{pmatrix} 2 & 3 & -4 \\ 1 & 2 & -2 \\ 3 & 2 & 1 \end{pmatrix}$ について次を計算せよ。

ただし、二桁の数はその符号と 1 の位を答えよ。また 0 は +0 にせよ。

例えば、2 ならば答えは +2、13 ならば答えは +3、−24 ならば答えは −4

(1) 余因子

(2) 行列式 $|A|$

(3) 逆行列 $A^{-1} = \dfrac{1}{|A|} \begin{pmatrix} \boxed{B} & \boxed{C} & \boxed{D} \\ \boxed{E} & \boxed{F} & \boxed{G} \\ \boxed{H} & \boxed{I} & \boxed{J} \end{pmatrix}$

問 2. 連立方程式 $\begin{cases} x + 2y + 2z = -2 \\ -2x - y + z = 1 \\ -x + 2y + 2z = -1 \end{cases}$ の係数行列を A とし、クラメルの公式により解け。

(1) $|A| = -\boxed{A}$

(2) $x = \dfrac{\boxed{B}}{|A|},\quad y = \dfrac{\boxed{C}}{|A|},\quad z = \dfrac{\boxed{D}}{|A|}$

第 4 章

線形空間と線形写像

4.1　線形空間

4.1.1　連立 1 次方程式の解の集合

連立 1 次方程式の解は、$|A| \neq 0$ ならばクラメルの公式により解は与えられ、ただ一組のみである。この章では、$|A| = 0$ の場合を扱う。この時、解は無限にあるか、解無しである。無限に解がある場合を調べる。A を 3 次正方行列、$\vec{x} = \begin{pmatrix} x \\ y \\ z \end{pmatrix}$ とし、$A\vec{x} = \vec{d}$ を連立 1 次方程式とする。例として次の二つの連立 1 次方程式を考える。

例 4.1.1　(1) $\begin{cases} x - y + z &= -1 \\ x + 2y - 5z &= 11 \\ 2x + y - 4z &= 10 \end{cases}$,　(2) $\begin{cases} x - y + z &= -1 \\ 2x - 2y + 2z &= -2 \\ 3x - 3y + 3z &= -3 \end{cases}$

（解）(1) $(A|\vec{d})$ に消去法を使うと、

$$\left(\begin{array}{ccc|c} 1 & -1 & 1 & -1 \\ 1 & 2 & -5 & 11 \\ 2 & 1 & -4 & 10 \end{array}\right) \rightarrow \left(\begin{array}{ccc|c} 1 & 0 & -1 & 3 \\ 0 & 1 & -2 & 4 \\ 0 & 0 & 0 & 0 \end{array}\right), \quad \begin{cases} x &= 3 + z \\ y &= 4 + 2z \end{cases}$$

よって、解ベクトルは次のようになり、成分に z があるかどうかで分解すると

$$\vec{x} = \begin{pmatrix} x \\ y \\ z \end{pmatrix} = \begin{pmatrix} 3 + z \\ 4 + 2z \\ z \end{pmatrix} = \begin{pmatrix} 3 \\ 4 \\ 0 \end{pmatrix} + \begin{pmatrix} z \\ 2z \\ z \end{pmatrix} = \begin{pmatrix} 3 \\ 4 \\ 0 \end{pmatrix} + z \begin{pmatrix} 1 \\ 2 \\ 1 \end{pmatrix}$$

ここで、$\begin{pmatrix} 3 \\ 4 \\ 0 \end{pmatrix}$ は解の一つ（特殊解）であり、解が無限個ある原因は、z が全ての実数を

取りえるからである。この $\left\{ z \begin{pmatrix} 1 \\ 2 \\ 1 \end{pmatrix} \middle| \ z \in \mathbf{R} \right\}$ は、$A\vec{x} = \vec{0}$ の解の集合である。この集合の特徴は、その要素の和も定数倍も又その集合の要素になる事である。これを線形空間と言う。線形空間の元になるのが、ベクトル $\begin{pmatrix} 1 \\ 2 \\ 1 \end{pmatrix}$（基底）である。また、$A$ の階数は $\operatorname{rank} A = 2$ で、基底の数 $= 3 - \operatorname{rank} A = 1$ である。

(2) $(A|\vec{d})$ に消去法を使うと、

$$\left(\begin{array}{ccc|c} 1 & -1 & 1 & -1 \\ 2 & -2 & 2 & -2 \\ 3 & -3 & 3 & -3 \end{array}\right) \to \left(\begin{array}{ccc|c} 1 & -1 & 1 & -1 \\ 0 & 0 & 0 & 0 \\ 0 & 0 & 0 & 0 \end{array}\right), \quad x = -1 + y - z$$

よって、解ベクトルは次のようになり、成分がそれぞれ y, z のみになるように分解すると

$$\vec{x} = \begin{pmatrix} x \\ y \\ z \end{pmatrix} = \begin{pmatrix} -1 + y - z \\ y \\ z \end{pmatrix} = \begin{pmatrix} -1 \\ 0 \\ 0 \end{pmatrix} + \begin{pmatrix} y \\ y \\ 0 \end{pmatrix} + \begin{pmatrix} -z \\ 0 \\ z \end{pmatrix} = \begin{pmatrix} -1 \\ 0 \\ 0 \end{pmatrix} + y \begin{pmatrix} 1 \\ 1 \\ 0 \end{pmatrix} + z \begin{pmatrix} -1 \\ 0 \\ 1 \end{pmatrix}$$

ここで、$\begin{pmatrix} -1 \\ 0 \\ 0 \end{pmatrix}$ は解の一つ（特殊解）であり、$\left\{ y \begin{pmatrix} 1 \\ 1 \\ 0 \end{pmatrix} + z \begin{pmatrix} -1 \\ 0 \\ 1 \end{pmatrix} \middle| \ y \in \mathbf{R}, z \in \mathbf{R} \right\}$ は、$A\vec{x} = \vec{0}$ の解の集合（線形空間）であり、その元になるのがベクトル $\begin{pmatrix} 1 \\ 1 \\ 0 \end{pmatrix}, \begin{pmatrix} -1 \\ 0 \\ 1 \end{pmatrix}$（基底）である。また、$A$ の階数は $\operatorname{rank} A = 1$ で、基底の数 $= 3 - \operatorname{rank} A = 2$ である。

上のように、$|A| = 0$ の場合の連立1次方程式の解は、線形空間と基底、そして階数で記述すると明快である。この章では、この目的のため、線形空間について述べる。

4.1.2　線形空間

まず、抽象的に線形空間を定義する。

定義 4.1.1　K を実数全体 $(K = \mathbf{R})$ または複素数全体 $K = \mathbf{C}$ の集合とする。ある集合 V に次のように演算 (V1) (V2) が定義され、下記の演算法則 (1)-(6) が成り立つ時、V を**線形空間**または**ベクトル空間**と呼ぶ。V の要素を**ベクトル**、K の要素を**スカラー**と呼ぶ。特に、$K = \mathbf{R}$ の時 V を**実線形空間**と呼び、$K = \mathbf{C}$ の時**複素線形空間**と呼ぶ。何も断りがない場合は、線形空間は実線形空間を意味する。

(V1) (スカラー倍) 任意の要素 $k \in K, v \in V$ に対し、ある要素 u が定まる。k, v に対し定まるこの u を v の k 倍と呼び、$u = kv$ と表す。

(V2) (加法) 任意の要素 $u, v \in V$ に対し、ある要素 $w \in V$ が定まる。この u, v に対し定まる w を u, v の和と呼び、$w = u + v$ と表す。

この二つが線形性であり、まとめて、

(V3) $k \in K, h \in K, u \in V, v \in V$ ならば $ku + hv \in V$

とも表現する。さらに、次の演算法則が成り立つ。

(1) $u + v = v + u$

(2) $(u + v) + w = u + (v + w)$, $(hk)v = h(kv)$

(3) $k(u + v) = ku + kv$, $(h + k)v = hv + kv$

(4) $1v = v$

(5) V の特別な要素 o があって、任意の $v \in V$ に対し、$v + o = v$ となる。$k(v + o) = kv$ から $ko = o$ である。この o は $\vec{0}$ に当たり、**零ベクトル**と呼ばれる。

(6) 任意の要素 $v \in V$ に対しある要素 $v' \in V$ があり $v + v' = o$ となる。この v' を記号 $-v$ で表し、**逆ベクトル**と呼ぶ。$v + (-v) = o$ である。さらに、$0v = (0 + 0)v = 0v + 0v$, $0v + (-0v) = 0v + 0v + (-0v)$ から、$0v = o$ となる。

例 4.1.2 (1) n 次元数ベクトルの集合 (n 次元ベクトル空間) $\mathbf{R}^n$ は実線形空間である。成分が複素数の n 次元ベクトルの集合 $\mathbf{C}^n$ は複素線形空間になる。

(2) $C(\mathbf{R})$ で関数 $f : \mathbf{R} \to \mathbf{R}$ 全体のなす集合を表す。すると $(f + g)(x) = f(x) + g(x), (kf)(x) = kf(x)$ により、和とスカラー倍が定義されて、$C(\mathbf{R})$ は実線形空間になる。

本書で現れる線形空間は、ほとんどの場合数ベクトルを要素としている。従って、$\mathbf{R}^n$ の部分集合で線形空間になるものである。

定義 4.1.2 線形空間 V の部分集合 $U \subset V$ が線形空間になる時、U を**部分線形空間**と言う。すなわち、

(V1) $k \in K,\ v \in U \Rightarrow kv \in U$, (V2) $u \in U, v \in U \Rightarrow u + v \in U$

が成り立つ部分集合である。特に、零ベクトルのみを要素とする部分集合 $O = \{o\}$ は部分線形空間である。これを**零線形空間**と言う。

線形空間 V の n 個の要素 $v_1, \cdots, v_n$ に対し、定数倍の和 $\sum_{i=1}^{n} k_i v_i = k_1 v_1 + \cdots + k_n v_n$ を**1 次結合**と言う。1 次結合の集合を $\langle v_1, \cdots, v_n \rangle$ と書き、$v_1, \cdots, v_n$ **で生成された部分**

線形空間と言う。

$$\langle v_1, \cdots, v_n\rangle = \left\{\sum_{i=1}^{n} k_i v_i \,|\, k_1 \in K, \cdots, k_n \in K\right\}$$

V の二つの部分線形空間 $U_1 \subset V$, $U_2 \subset V$ に対し、**和**を $U_1 + U_2 = \{u_1 + u_2 \,|\, u_1 \in U_1,\ u_2 \in U_2\}$ で定義する。特に、$U_1 \cap U_2 = O$ の時、**直和**と言い、$U_1 \oplus U_2$ と書く。

部分線形空間では、演算法則 (1)-(6) はすでに成り立っている。従って、部分線形空間である事を示すには、(V1) (V2) を示せばよい。テスト 8 で、上の定義 4.1.2 で挙げた集合は全て実際に部分線形空間になる事を示す。

定理 4.1.1　(1) O, $\langle v_1, \cdots, v_n\rangle$, $U_1 + U_2$, $U_1 \cap U_2$ は全て部分線形空間である。

(2) A を $n \times m$ 行列として、$\mathrm{Ker}\, A \subset \mathbf{R}^m$ を $A\vec{x} = \vec{0}$ の解になるベクトルの集合とすると、$\mathbf{R}^m$ の部分線形空間である。

(3) $u = u_1 + u_2 \in U_1 \oplus U_2$, $(u_1 \in U_1,\ u_2 \in U_2)$ の表示はただ一つである。すなわち、$u_1 + u_2 = v_1 + v_2$, $(u_1,\ v_1 \in U_1,\ u_2,\ v_2 \in U_2)$ ならば、$u_1 = v_1$, $u_2 = v_2$ である。

（証明） (1) O 以外はテスト 8 である。O については、

(V1) $ko = o \in O$, (V2) $o + o = o \in O$

により明らかである。

(2) (V1) $\vec{a} \in \mathrm{Ker}\, A$ とすると、定義から $A\vec{a} = \vec{0}$ であり、$A(k\vec{a}) = kA\vec{a} = k\vec{0} = \vec{0}$ となる。定義から、$k\vec{a} \in \mathrm{Ker}\, A$ である。

(V2) $\vec{a}, \vec{b} \in \mathrm{Ker}\, A$ ならば、定義より、$A\vec{a} = \vec{0}$, $A\vec{b} = \vec{0}$ であるから、$A(\vec{a} + \vec{b}) = A\vec{a} + A\vec{b} = \vec{0} + \vec{0} = \vec{0}$ となる。定義から、$\vec{a} + \vec{b} \in \mathrm{Ker}\, A$ となる。

(3) 与式から、$u_1 - v_1 = v_2 - u_2$ である。ところが、$u_1 - v_1 \in U_1$, $v_2 - u_2 \in U_2$ であり、$U_1 \cap U_2 = O = \{o\}$ であるから、$u_1 - v_1 = v_2 - u_2 = o$ となる。これは、$u_1 = v_1 + o = v_1$, $u_2 = v_2 - o = v_2$ を意味する。　□

例 4.1.3　(1) $\vec{e}_1, \cdots, \vec{e}_n$ を $\mathbf{R}^n$ の標準基底とすると、$\langle \vec{e}_1, \cdots, \vec{e}_n\rangle = \mathbf{R}^n$ である。

(2) 例 4.1.1 の係数行列を A とする。この例によると、

$$(1)\ \mathrm{Ker}\, A = \left\langle \begin{pmatrix} 1 \\ 2 \\ 1 \end{pmatrix} \right\rangle, \qquad (2)\ \mathrm{Ker}\, A = \left\langle \begin{pmatrix} 1 \\ 1 \\ 0 \end{pmatrix}, \begin{pmatrix} -1 \\ 0 \\ 1 \end{pmatrix} \right\rangle$$

(3) $\mathbf{R}^3$ の標準基底を $\vec{e}_1, \vec{e}_2, \vec{e}_3$ とすると、$\langle \vec{e}_1, \vec{e}_2\rangle + \langle \vec{e}_2, \vec{e}_3\rangle = \mathbf{R}^3$ である。この時、$\vec{e}_1 + \vec{e}_3 = (\vec{e}_1 + \vec{e}_2) + (-\vec{e}_2 + \vec{e}_3)$ であるから、$\langle \vec{e}_1, \vec{e}_2\rangle$ のベクトルと $\langle \vec{e}_2, \vec{e}_3\rangle$ のベクトルによる表示は一つではない。

一方、$\langle \vec{e}_1, \vec{e}_2\rangle \cap \langle \vec{e}_3\rangle = \{\vec{0}\} = O$ であるから、$\langle \vec{e}_1, \vec{e}_2\rangle \oplus \langle \vec{e}_3\rangle = \mathbf{R}^3$ である。

テスト 8

問 1. (1) 連立 1 次方程式 $\begin{cases} x - 2y - 3z = 1 \\ 2x - 4y - 6z = 2 \\ -x + 2y + 3z = -1 \end{cases}$ の解は、消去法により、

y, z を任意の実数として、$x = \boxed{A} + \boxed{B}y + \boxed{C}z$ であり、解ベクトルで表現すると、

$$\vec{x} = \begin{pmatrix} x \\ y \\ z \end{pmatrix} = \begin{pmatrix} \boxed{A} + \boxed{B}y + \boxed{C}z \\ y \\ z \end{pmatrix} = \begin{pmatrix} \boxed{A} \\ 0 \\ 0 \end{pmatrix} + y\begin{pmatrix} \boxed{B} \\ 1 \\ 0 \end{pmatrix} + z\begin{pmatrix} \boxed{C} \\ 0 \\ 1 \end{pmatrix}$$

(2) 連立 1 次方程式 $\begin{cases} x - 2y + 4z = -6 \\ 2x - y - z = 3 \\ x + 4y - 14z = 24 \end{cases}$ の解は、消去法により、

z を任意の実数として、$\begin{cases} x = 4 + \boxed{A}z \\ y = \boxed{B} + \boxed{C}z \end{cases}$ であり、解ベクトルで表現すると、

$$\vec{x} = \begin{pmatrix} x \\ y \\ z \end{pmatrix} = \begin{pmatrix} 4 + \boxed{A}z \\ \boxed{B} + \boxed{C}z \\ z \end{pmatrix} = \begin{pmatrix} 4 \\ \boxed{B} \\ 0 \end{pmatrix} + z\begin{pmatrix} \boxed{A} \\ \boxed{C} \\ 1 \end{pmatrix}$$

問 2. 線形空間 V の次の部分集合が部分線形空間になる事を示せ。

(1) $\langle v_1, \cdots, v_n \rangle$

（証明） (V1) $\forall k \in K,\ \forall v = \sum_{i=1}^{n} k_i v_i \in \langle v_1, \cdots, v_n \rangle$ に対し、

$$kv = \sum_{i=1}^{n} \boxed{A} v_i \boxed{B} \langle v_1, \cdots, v_n \rangle$$

(V2) $\forall u = \sum_{i=1}^{n} h_i v_i \in \langle v_1, \cdots, v_n \rangle,\ \forall v = \sum_{i=1}^{n} k_i v_i \in \langle v_1, \cdots, v_n \rangle$ に対し、

$$u + v = \sum_{i=1}^{n} (\boxed{C} + k_i) v_i \boxed{D} \langle v_1, \cdots, v_n \rangle \qquad \square$$

(2) $U_1 + U_2$

（証明）(V1) $\forall k \in K,\ \forall u = u_1 + u_2 \in U_1 + U_2\ (u_1 \in U_1, u_2 \in U_2)$ に対して、
$k\boxed{A} \in U_1,\ k\boxed{B} \in U_2$ であるから、$ku = \boxed{C} + \boxed{D}u_2 \in U_1 + U_2$ である。

(V2) $\forall u = u_1 + u_2 \in U_1 + U_2,\ \forall v = v_1 + v_2 \in U_1 + U_2\ (u_1, v_1 \in U_1,\ u_2, v_2 \in U_2)$ に対して、$\boxed{E} + v_1 \in U_1,\ u_2 + \boxed{F} \in U_2$ であるから、

$$u + v = (u_1 + \boxed{G}) + (\boxed{H} + v_2) \in U_1 + U_2 \qquad \square$$

(3) $U_1 \cap U_2$

（証明）(V1) $\forall k \in K,\ \forall u \in U_1 \cap U_2$ に対して、$k\boxed{A} \in U_1 \wedge \boxed{B} \in U_2$ であるから、$\boxed{C}\, u \in U_1 \cap U_2$ である。

(V2) $\forall u \in U_1 \cap U_2,\ \forall v \in U_1 \cap U_2$ に対して、$\boxed{D} + v \in U_1 \wedge u + \boxed{E} \in U_2$ であるから、$u + v\boxed{F}U_1 \cap U_2$ である。　$\square$

4.2 基底

4.2.1 1次独立と1次従属

線形空間 V は、ベクトル $v_1, \cdots, v_n$ を基にして、$V = \langle v_1, \cdots, v_n \rangle$ と表せる場合が多く、そのように表現出来ると便利である。その場合、基になるベクトルが全て必要とは限らない。例えば、$\langle v_1, v_2, v_3 \rangle$ は $v_3 = v_1 + v_2$ ならば、$\langle v_1, v_2, v_3 \rangle = \langle v_1, v_2 \rangle$ となり、$v_3 = v_1 + v_2$ は必要ない。このように、ある v_i が他の v_j の1次結合で表せるならば、V の表示で v_i は必要ない。このような状態を1次従属と言う。その場合、個々の i 毎に1次結合になるかどうかを調べるのは効率が悪い。1次従属を

「少なくとも一つは0でない $k_1, \cdots, k_n$ があって、$\sum_{i=1}^{n} k_i v_i = 0$ となる。」

と定義すると、0でない k_i をとり、$v_i = -\sum_{j \neq i} \frac{k_j}{k_i} v_j$ と変形することにより、v_i が他の v_j の1次結合になる事が分かる。最初に述べたように、1次従属は、表示 $\langle v_1, \cdots, v_n \rangle$ に余分なベクトルが含まれている事を意味する。余分なベクトルがない状態は、1次従属の否定であるから、

「$\sum_{i=1}^{n} k_i v_i = 0$ ならば、どの k_i も0になる。」

となる。よって、以下の定義を得る。

定義 4.2.1　ベクトルの組 $v_1, \cdots, v_n$ は、少なくとも一つは0でないスカラーの組 $k_1, k_2, \cdots, k_n \in K$ があり、

$$\sum_{i=1}^{n} k_i v_i = k_1 v_1 + k_2 v_2 + \cdots + k_n v_n = o$$

となるならば、**1次従属**と呼ぶ。1次従属でないベクトルの組は**1次独立**と呼ぶ。1次独

立な事と次の命題は同値である。

$$\sum_{i=1}^{n} k_i v_i = o \quad \text{ならば} \quad k_1 = k_2 = \cdots = k_n = 0$$

例 4.2.1 (1) $\mathbf{R}^n$ の標準基底 $\vec{e}_1, \cdots, \vec{e}_n$ は 1 次独立である。なぜならば、

$$\sum_{i=0}^{n} k_i \vec{e}_i = k_1 \begin{pmatrix} 1 \\ 0 \\ \vdots \\ 0 \end{pmatrix} + k_2 \begin{pmatrix} 0 \\ 1 \\ \vdots \\ 0 \end{pmatrix} + \cdots + k_n \begin{pmatrix} 0 \\ 0 \\ \vdots \\ 1 \end{pmatrix} = \begin{pmatrix} k_1 \\ k_2 \\ \vdots \\ k_n \end{pmatrix}$$

であるから、$\sum_{i=0}^{n} k_i \vec{e}_i = \vec{0}$ ならば $k_1 = k_2 = \cdots = k_n = 0$ である。

(2) 数ベクトル $\vec{a} = \begin{pmatrix} 1 \\ 2 \\ 3 \end{pmatrix}$, $\vec{b} = \begin{pmatrix} 2 \\ 1 \\ 2 \end{pmatrix}$, $\vec{c} = \begin{pmatrix} 1 \\ 1 \\ 2 \end{pmatrix}$ は、もし $k_1\vec{a} + k_2\vec{b} + k_3\vec{c} = \vec{0}$ ならば、各成分を比較して、次の連立 1 次方程式を得る。

$$\begin{cases} k_1 + 2k_2 + k_3 & = 0 \\ 2k_1 + k_2 + k_3 & = 0 \\ 3k_1 + 2k_2 + 2k_3 & = 0 \end{cases}, \quad (\vec{a}, \vec{b}, \vec{c}) \begin{pmatrix} k_1 \\ k_2 \\ k_3 \end{pmatrix} = \vec{0}$$

これを解いて、$k_1 = k_2 = k_3 = 0$ である。よって、このベクトルの組は 1 次独立である。

一方 $\vec{a} = \begin{pmatrix} 1 \\ 2 \\ 3 \end{pmatrix}$, $\vec{b} = \begin{pmatrix} 2 \\ 1 \\ 2 \end{pmatrix}$, $\vec{c} = \begin{pmatrix} -1 \\ 4 \\ 5 \end{pmatrix}$ は、もし $k_1\vec{a} + k_2\vec{b} + k_3\vec{c} = \vec{0}$ ならば、各成分を比較して、次の連立 1 次方程式を得る。

$$\begin{cases} k_1 + 2k_2 - k_3 & = 0 \\ 2k_1 + k_2 + 4k_3 & = 0 \\ 3k_1 + 2k_2 + 5k_3 & = 0 \end{cases}, \quad (\vec{a}, \vec{b}, \vec{c}) \begin{pmatrix} k_1 \\ k_2 \\ k_3 \end{pmatrix} = \vec{0}, \quad \begin{cases} k_1 & = -3k_3 \\ k_2 & = 2k_3 \end{cases}$$

そこで、$k_1 = -3, k_2 = 2, k_3 = 1$ とすると、$-3\vec{a} + 2\vec{b} + \vec{c} = \vec{0}$ であるから、このベクトルの組は 1 次従属である。

定理 4.2.1 $u_1, \cdots, u_n, v_1, \cdots, v_m$ が 1 次独立ならば

$$\langle u_1, \cdots, u_n, v_1, \cdots, v_m \rangle = \langle u_1, \cdots, u_n \rangle \oplus \langle v_1, \cdots, v_m \rangle$$

特に、$u_1, \cdots, u_n$ が 1 次独立ならば、

$$\langle u_1, \cdots, u_n \rangle = \langle u_1 \rangle \oplus \cdots \oplus \langle u_n \rangle$$

(証明) $v \in \langle u_1, \cdots, u_n \rangle \cap \langle v_1, \cdots, v_m \rangle$ とすると、$v = \sum_{i=1}^{n} k_i u_i = \sum_{j=1}^{m} h_j v_j$ である。1 次独立性から $k_1 = \cdots = k_n = -h_1 = \cdots - h_m = 0$ になり、$v = o$ となる。　□

さて、m 個の n 次元列ベクトルの組 $\vec{a}_1 = \begin{pmatrix} a_{11} \\ \vdots \\ a_{n1} \end{pmatrix}, \cdots, \vec{a}_m = \begin{pmatrix} a_{1m} \\ \vdots \\ a_{nm} \end{pmatrix}$ が何時 1 次独立になるか調べよう。成分を並べた $n \times m$ 行列を $A = (a_{ij})$ とし、$\vec{k} = \begin{pmatrix} k_1 \\ \vdots \\ k_m \end{pmatrix}$ を m 次元列ベクトルとする。すると、1 次従属・1 次独立の定義に現れる 1 次結合 $\sum_{j=1}^{m} k_j \vec{a}_j = \vec{0}$ は、成分を書き下せば、連立 1 次方程式 $A\vec{k} = \vec{0}$ と同じである。従って、1 次従属は $\vec{0}$ 以外の解がある事と、1 次独立は $\vec{0}$ だけが解になる事と同値である。定理 2.2.2、定理 2.3.1 と定理 3.2.5 より、列ベクトルの 1 次独立の判定条件を得る。

定理 4.2.2　(1) 列ベクトル $\vec{a}_1, \cdots, \vec{a}_m$ が 1 次独立になるためには、$\mathrm{rank}\, A = m$ が必要十分条件である。

(2) $n < m$ ならば、列ベクトルは常に 1 次従属である。

(3) $n = m$ ならば、列ベクトルが 1 次独立になるためには、$|A| \neq 0$ が必要十分条件である。

(4) $n > m$ ならば、列ベクトルが 1 次独立になるためには、m 個の行ベクトルの組 $\vec{A}_{i_1} = (a_{i_1 1}, \cdots, a_{i_1 m}), \cdots, \vec{A}_{i_m} = (a_{i_m 1}, \cdots, a_{i_m m})$ で $\begin{vmatrix} \vec{A}_{i_1} \\ \vdots \\ \vec{A}_{i_m} \end{vmatrix} \neq 0$ となるものがある事が必要十分条件である。

問題 4.2.1　定理 2.2.2、定理 2.3.1 と定理 3.2.5 を使って、この定理を証明せよ。

補足 行列 $A = (a_{ij})$ から m 個の行 $i_1, \cdots, i_m$ と列 $j_1, \cdots, j_m$ を取り出した m 次行列式 $\Delta = |a_{i_h j_k}|$ を**小行列式**と言う。以下の定理で見るように 0 でない小行列式の最大次数は階数 $\mathrm{rank}\, A$ に等しい。これから、行ベクトルまたは列ベクトルの中で、1 次独立な物の最大数が階数であることが導ける。

行列 A の階数 $r = \mathrm{rank}\, A$ は、基本変形により $A \to \begin{pmatrix} E_r & O \\ O & O \end{pmatrix}$ と変形出来る事で定義したが、これは計算には向いているが本質を捉えていない。本質は、行（列）ベクトルで 1 次独立な物の最大数である。線形写像の節で見るが、$n \times m$ 行列 A は線形写像

$f: R^m \to R^n$ を表現している。その時、線形空間 $\mathrm{Im}\, f = \mathrm{Im}\, A = \{A\vec{a} | \vec{a} \in R^m\}$ の次元が階数である。

定理 4.2.3 次の値 r_1, r_2, r_3, r_4 は全て、A の階数 $r = \mathrm{rank}\, A$ と等しい。

(1) 基本変形により $\begin{pmatrix} E_{r_1} & O \\ O & O \end{pmatrix}$ と変形できる。

(2) 0 でない小行列式の最大次数 r_2

(3) 1 次独立な列ベクトルの最大数 r_3

(4) 1 次独立な行ベクトルの最大数 r_4

（証明）(1) は本書での階数の定義であるから、$r_1 = r$ である。

0 でない行列式は、基本変形しても 0 でない。よって、0 でない小行列式の最大次数は基本変形により変化しないから、r_2 は変化しない。よって、(1) から、$r_2 = r_1$ である。

0 でない最大次数の小行列式を $|a_{i_h j_k}|$ とする。この時、列ベクトル $\vec{a}_{j_1}, \cdots, \vec{a}_{j_{r_2}}$ は、上の定理 4.2.2 (4) から 1 次独立である。したがって、$r_2 \leq r_3$ である。逆に、$\vec{a}_{j_1}, \cdots, \vec{a}_{j_{r_3}}$ を 1 次独立な列ベクトルとする。すると、同じく、定理 4.2.2 (4) から、0 でない r_3 次小行列式がある。よって、$r_3 \leq r_2$ である。以上で $r_3 = r_2$ になる。

転置行列 ${}^tA$ で、(2) の小行列式の最大次数は A のそれと同じである。よって、上の列ベクトルの結果から $r_4 = r_2$ である。

以上から、$r = r_1 = r_2 = r_3 = r_4$ である。 □

4.2.2 基底

$V = \mathbf{R}^n$ を n 次元列ベクトルの空間とし、$\vec{e}_1, \vec{e}_2, \cdots, \vec{e}_n$ を標準基底とする。全ての列ベクトル $\vec{a} = \begin{pmatrix} a_1 \\ \vdots \\ a_n \end{pmatrix} \in \mathbf{R}^n$ の成分 a_i は、標準基底の 1 次結合でこのベクトルを表した時の係数である。これを一般の線形空間に拡張し、次の基底の定義を得る。基底により、無限集合である線形空間は有限個の要素 (基底) で表される。

定義 4.2.2 線形空間 V の有限個のベクトル $v_1, v_2, \cdots, v_n$ の順序のついた組 $\{v_1, v_2, \cdots, v_n\}$ は、次が成り立つならば、V の**基底**と呼ばれる。

(1) $v_1, v_2, \cdots, v_n$ は一次独立である。（重複がない）

(2) V の任意の要素は $v_1, v_2, \cdots, v_n$ の一次結合で表される。

すなわち $V = \langle v_1, v_2, \cdots, v_n \rangle$ である。（V を生成する）

基底をなすベクトルの数を V の**次元**と呼び、$\dim V$ で表す。すなわち $\{v_1, v_2, \cdots, v_n\}$ が基底ならば n 次元であり $\dim V = n$ である。有限個のベクトルからなる基底が存在する時、**有限次元**と言い、有限次元でない時、**無限次元**と言う。

例 4.2.2 (1) $\mathbf{R}^n$ の標準基底は基底であり、したがって n 次元である。

(2) 関数のなす線形空間 $C(\mathbf{R})$ は無限次元である。

同じ線形空間でも、基底は何通りもあり、一組ではない。だが、基底を構成するベクトルの数は一定で、次元の値は一つに決まる。

定理 4.2.4 線形空間 V の基底を $v_1, v_2, \cdots, v_n$ とする。

(1) V の任意のベクトル $v \in V$ を基底 $v_1, v_2, \cdots, v_n$ の一次結合で表す仕方はただ一通りである。

(2) V の m 個のベクトル $u_1.u_2, \cdots, u_m \in V$ は、$m > n$ ならば、1 次従属である。

(3) n は 1 次独立になるベクトルの数の最大数である。よって、他の基底でも、基底を構成するベクトルの数は n である。

(証明) (1) $v = \displaystyle\sum_{i=1}^{n} k_i v_i = \sum_{i=1}^{n} h_i v_i$ と二通りの表し方があるとする。すると、$\sum_{i=1}^{n}(k_i - h_i)v_i = o$ となり、一次独立性から $k_i = h_i$ である。よって、表し方は一通りである。

(2) $u_j = \displaystyle\sum_{i=1}^{n} p_{ij} v_i$ とする。$P = (p_{ij})$ は $n \times m$ 行列である。定理 4.2.2 (2) から、P の列ベクトルは 1 次従属である。すなわち、少なくとも一つは 0 でない係数 $k_1, k_2, \cdots, k_m$ があり、

$$\sum_{j=1}^{m} k_j \begin{pmatrix} p_{1j} \\ \vdots \\ p_{nj} \end{pmatrix} = \vec{0}, \qquad \sum_{j=1}^{m} k_j p_{ij} = 0 \quad (i = 1, 2, \cdots, n)$$

となる。この時、次のように $u_1, u_2, \cdots, u_m$ は 1 次従属になる。

$$\sum_{j=1}^{m} k_j u_j = \sum_{j=1}^{m} k_j \sum_{i=1}^{n} p_{ij} v_i = \sum_{i=1}^{n} \left(\sum_{j=1}^{m} k_j p_{ij} \right) v_i = \sum_{i=1}^{n} 0 v_i = o$$

(3) (2) から明らかである。 □

注 (2) の証明の最後の式は、次のように書いた方が分かり易い。

$$k_1u_1 + k_2u_2 + \cdots + k_mu_m = k_1\begin{pmatrix} p_{11}v_1 \\ +p_{21}v_2 \\ \vdots \\ +p_{n1}v_n \end{pmatrix} + k_2\begin{pmatrix} p_{12}v_1 \\ +p_{22}v_2 \\ \vdots \\ +p_{n2}v_n \end{pmatrix} + \cdots + k_m\begin{pmatrix} p_{1m}v_1 \\ +p_{2m}v_2 \\ \vdots \\ +p_{nm}v_n \end{pmatrix}$$

$$= \begin{pmatrix} (k_1p_{11} + k_2p_{12} + \cdots + k_mp_{1m})v_1 \\ +(k_1p_{21} + k_2p_{22} + \cdots + k_mk_{2m})v_2 \\ \vdots \\ +(k_1p_{n1} + k_2p_{n2} + \cdots + k_mp_{nm})v_n \end{pmatrix} = o$$

4.2.3 補空間

V を線形空間とし、$v_1, v_2, \cdots, v_r \in V$ を1次独立とする。$v \in V$ をベクトルとする。$v \in \langle v_1, v_2, \cdots, v_r \rangle = U$ ならば、明らかに $v_1, v_2, \cdots, v_r, v$ は1次従属である。$v \notin U$ とし、$\sum_{i=1}^{r} k_iv_i + kv = o$ と仮定する。$k \neq 0$ ならば、$v = -\sum_{i=1}^{r} \frac{k_i}{k}v_i \in U$ となり、仮定に反するから、$k = 0$ である。その時、1次独立より $k_1 = k_2 = \cdots = k_r = 0$ である。よって、$v_1, v_2, \cdots, v_r, v$ は1次独立になる。以上から次を得る。

定理 4.2.5 $v_1, v_2, \cdots, v_r$ を1次独立とする。$v_1, v_2, \cdots, v_r, v$ が1次独立になるためには、$v \notin \langle v_1, v_2, \cdots, v_r \rangle$ が必要十分条件である。

V を n 次元線形空間とし、$U \subset V$ を m 次元部分線形空間とする。U の基底を $u_1, u_2, \cdots, u_m$ とする。U に入らないベクトル v_1 を取ると、上の定理より、$u_1, u_2, \cdots, u_m, v_1$ は1次独立である。これを繰り返し、1次独立なベクトル $u_1, u_2, \cdots, u_m, v_1, \cdots, v_r$ に、$v_{r+1} \notin \langle u_1, \cdots, u_m, v_1, \cdots, v_r \rangle$ となる v_{r+1} を付け加える事で、1次独立なベクトルの組を得る。定理 4.2.4 (3) から、u_i, v_i の数は最大で n 個である。したがって、付け加えられるのは $v_1, \cdots, v_{n-m}$ までであり、新しく v_{n-m+1} を取れない。これは、上の定理から、$\langle u_1, u_2, \cdots, u_m, v_1, \cdots, v_{n-m} \rangle = V$ を意味する。$\overline{U} = \langle v_1, \cdots, v_{n-m} \rangle$ を U の**補空間**と言う。$u \in U \cap \overline{U}$ とすると、$u = \sum_{i=1}^{m} k_iu_i = \sum_{j=1}^{n-m} k_{m+j}v_j$ であるから、定理 4.2.4 (1) から、$u = o$ である。よって、$U \cap \overline{U} = O = \{o\}$, $U \oplus \overline{U} = V$ となる。

また、$u_1, u_2, \cdots, u_n \in V$ が1次独立ならば、定理 4.2.4 (3) から、任意のベクトル $v \in V$ を付け加えても1次従属になる。よって、$v \in \langle u_1, u_2, \cdots, u_n \rangle$ になり、V の基底になる。これは、補空間が $\{o\}$ になる事からも分かる。以上から次を得る。

定理 4.2.6 V を n 次元線形空間とし、$U \subset V$ を m 次元線形部分空間とする。

(1) V の $n-m$ 次元部分線形空間 $\overline{U} \subset V$ があり、$U \cap \overline{U} = \{o\}$, $U \oplus \overline{U} = V$ となる。

(2) U の基底 $u_1, u_2, \cdots, u_m$ に対し、$n-m$ 個のベクトル $v_1, v_2, \cdots, v_{n-m}$ があり、$u_1, u_2, \cdots, u_m, v_1, \cdots, v_{n-m}$ は V の基底になる。

(3) 1次独立な n 個のベクトル $u_1, u_2, \cdots, u_n$ は、常に V の基底である。

(4) $\dim(U \oplus V) = \dim U + \dim V$

テスト9

問1. 次の行列の階数を求めよ。

(1) $\begin{pmatrix} 2 & 6 \\ 3 & 9 \\ 4 & 12 \end{pmatrix}$　(2) $\begin{pmatrix} 2 & 3 \\ 3 & -2 \\ 4 & 2 \end{pmatrix}$　(3) $\begin{pmatrix} 2 & 4 & -6 \\ -3 & -6 & 9 \\ 1 & 2 & -3 \end{pmatrix}$

(4) $\begin{pmatrix} 2 & 3 & 2 \\ 3 & -2 & 3 \\ 4 & 2 & 2 \end{pmatrix}$　(5) $\begin{pmatrix} 2 & 3 & -5 \\ 3 & -2 & 12 \\ 4 & 2 & 2 \end{pmatrix}$　(6) $\begin{pmatrix} 2 & 3 & 2 & 1 \\ 3 & -2 & 3 & 2 \\ 4 & 2 & 2 & 3 \end{pmatrix}$

問2. 次のベクトルの組が一次独立か一次従属かを判定せよ。

(1) $\vec{a} = \begin{pmatrix} 2 \\ 3 \\ 4 \end{pmatrix}, \vec{b} = \begin{pmatrix} 6 \\ 9 \\ 12 \end{pmatrix}$　(2) $\begin{pmatrix} 2 \\ 3 \\ 4 \end{pmatrix}, \vec{c} = \begin{pmatrix} 3 \\ -2 \\ 2 \end{pmatrix}$　(3) $\begin{pmatrix} 2 \\ -3 \\ 1 \end{pmatrix}, \begin{pmatrix} 4 \\ -6 \\ 2 \end{pmatrix}, \begin{pmatrix} -6 \\ 9 \\ -3 \end{pmatrix}$

(4) $\begin{pmatrix} 2 \\ 3 \\ 4 \end{pmatrix}, \begin{pmatrix} 3 \\ -2 \\ 2 \end{pmatrix}, \vec{d} = \begin{pmatrix} 2 \\ 3 \\ 2 \end{pmatrix}$　(5) $\begin{pmatrix} 2 \\ 3 \\ 4 \end{pmatrix}, \begin{pmatrix} 3 \\ -2 \\ 2 \end{pmatrix}, \vec{e} = \begin{pmatrix} -5 \\ 12 \\ 2 \end{pmatrix}$

(6) $\begin{pmatrix} 2 \\ 3 \\ 4 \end{pmatrix}, \begin{pmatrix} 3 \\ -2 \\ 2 \end{pmatrix}, \begin{pmatrix} 2 \\ 3 \\ 2 \end{pmatrix}, \vec{f} = \begin{pmatrix} 1 \\ 2 \\ 3 \end{pmatrix}$

問3. 問2のベクトルからなる次の線形空間の基底を求めよ。各線形空間ごとに、基底を構成するベクトルにマークを付けよ。ただし、左側のベクトルを右側のベクトルよりも優先する。

(1) $< \overrightarrow{a}, \overrightarrow{b} >$ の基底

(2) $< \overrightarrow{a}, \overrightarrow{c} >$ の基底

(3) $< \overrightarrow{a}, \overrightarrow{c}, \overrightarrow{d} >$ の基底

(4) $< \overrightarrow{a}, \overrightarrow{c}, \overrightarrow{e} >$ の基底

(5) $< \overrightarrow{a}, \overrightarrow{c}, \overrightarrow{d}, \overrightarrow{f} >$ の基底

4.3 線形写像

4.3.1 線形写像の定義

定義 4.3.1 (1) U, V を線形空間とする。U の各ベクトルに V のベクトルを対応させる写像 $f : U \to V$ は、次を満たす時、**線形写像**と言う。

(V1) $f(ku) = kf(u)$ (V2) $f(u+v) = f(u) + f(v)$

まとめて次のようにも書く

(V3) $f(ku+hv) = kf(u) + hf(v)$

さらに、$f(\sum_{j=1}^{m} k_j u_j) = \sum_{j=1}^{m} k_j f(u_j)$ となる事に注意する。

(2) 線形写像 $f : U \to V$ は、もし $f(u) = f(v)$ ならば、$u = v$ となる時、**単射**と言う。また、全てのベクトル $v \in V$ に対し、適当な u があり、$f(u) = v$ となる時、**全射**と言う。単射かつ全射の時、**全単射**と言う。全単射がある時、U と V を**同型**という。この時、f により、U と V は 1 対 1 対応であるから、同じ線形空間と見なせる。

(3) 線形写像 $f : U \to V$ に対して、**核**を $\mathrm{Ker}\, f = \{u \in U | f(u) = o\} \subset U$ で、**像**を $\mathrm{Im}\, f = \{f(u) | u \in U\} \subset V$ で定義する。

U に基底 $u_1, u_2, \cdots, u_m$ があるならば、任意のベクトル $u \in U$ は、1 次結合 $u = \sum_{j=1}^{m} k_j u_j$ で表されるから、線形写像 $f : U \to V$ は、$f(u) = \sum_{j=1}^{m} k_j f(u_j)$ により、f の値 $u'_j = f(u_j) \in V$ により決まる。逆に、この式を使って、u'_j から線形写像を作れる。

定理 4.3.1 U の基底を $u_1, u_2, \cdots, u_m$ とする。

(1) $f : U \to V$ が線形写像ならば、$u'_j = f(u_j) \in V$ とすると、$f(\sum_{j=1}^{m} k_j u_j) = \sum_{j=1}^{m} u'_j$ となる。

(2) 任意の m 個のベクトル $u'_1, u'_2, \cdots, u'_m \in V$ (重複を許す) に対して、$f(\sum_{j=1}^{m} k_j u_j) = \sum_{j=1}^{m} k_j u'_j \in V$ と置くと、$f : U \to V$ は線形写像である。この時、$f(u_j) = u'_j$ である。

(証明) (1) 線形写像の定義から明らかである。

(2) 定理 4.2.4 (1) から、$u \in U$ の基底による表現は唯一だから、$f(u)$ は一つに決まり、f は写像になる。線形写像になる証明は、テスト 10 問 1 である。 □

次に、上の定義 (3) の集合は部分線形空間である。

定理 4.3.2 $\mathrm{Ker}\, f \subset U$, $\mathrm{Im}\, f \subset V$ は部分線形空間である。

証明は、テスト 10 問 2 である。$\mathrm{Ker}\, f$, $\mathrm{Im}\, f$ と上の定義 (2) の単射、全射、全単射との関係が次の定理である。

定理 4.3.3 (1) f が単射になるためには、$\mathrm{Ker}\, f = \{o\}$ が必要十分条件である。

(2) f が全射になるためには、$\mathrm{Im}\, f = V$ が必要十分条件である。

(3) f が全単射になるためには、$\mathrm{Ker}\, f = \{o\}$ かつ $\mathrm{Im}\, f = V$ が必要十分条件である。

（証明）(1) $f(o) = f(0u) = 0f(u) = o$ に注意する。f は単射とする。$u \in \mathrm{Ker}\, f$ は $f(u) = o$ を意味し、$f(o) = o$ より、$u = o$ となり、$\mathrm{Ker}\, f = \{o\}$ である。

逆に、$\mathrm{Ker}\, f = \{o\}$ とすると、$f(u) = f(v)$ ならば、$f(u-v) = o$ から $u-v \in \mathrm{Ker}\, f = \{o\}$ となる。これは、$u - v = o$, $u = v$ を意味し、f は単射である。

(2) f が全射ならば、全てのベクトル $v \in V$ に対し、適当な $u \in U$ があり、$v = f(u) \in \mathrm{Im}\, f$ となる。よって、$V \subset \mathrm{Im}\, f$ であり、$\mathrm{Im}\, f \subset V$ は明らかだから、$\mathrm{Im}\, f = V$ である。

$\mathrm{Im}\, f = V$ なら、任意の $v \in V = \mathrm{Im}\, f$ に対して、$\mathrm{Im}\, f$ の定義から、適当な $u \in U$ があって $f(u) = v$ となる。よって全射である。

(3) (1) (2) から明らか。 □

線形写像 f は、定理 4.3.1 により $u'_i = f(u_i)$ で決まる。上の定理を適用して全単射になる条件を調べる。

定理 4.3.4 U の基底を $u_1, u_2, \cdots, u_m$ とし、$f : U \to V$ を線形写像とする。m 個のベクトル $u'_1 = f(u_1), u'_2 = f(u_2), \cdots, u'_m = f(u_m) \in V$ に対して、$f(\sum_{j=1}^m k_j u_j) = \sum_{j=1}^m k_j u'_j \in V$ であり、次が成り立つ。

(1) f が単射になるためには、$u'_1, u'_2, \cdots, u'_n$ は 1 次独立が必要十分条件である。

(2) f が全射になるためには、$\langle u'_1, u'_2, \cdots, u'_m \rangle = V$ が必要十分条件である。

(3) f が全単射になるためには、$u'_1 . u'_2, \cdots, u'_m$ は V の基底が必要十分条件である。

（証明）(1) 定義から、$u = \sum_{j=1}^m k_j u_j \in \mathrm{Ker}\, f$ は $f(u) = \sum_{j=1}^m k_j u'_j = o$ を意味する。よって、$\mathrm{Ker}\, f = \{o\}$ は、「$\sum_{j=1}^m k_j u'_j = o$ ならば $k_1 = k_2 = \cdots \quad = k_m = 0$」と同値である。これは 1 次独立を意味する。定理 4.3.3 (1) からこの結果が得られる。

(2) 明らかに、$\mathrm{Im}\, f = \langle u'_1, u'_2, \cdots, u'_m \rangle$ である。よって定理 4.3.3 (2) はこの結果を意味する。

(3) (1) (2) より明らかである。 □

例 4.3.1 (1) 上の定理から、n 次元線形空間は全て同型である。特に、$\mathbf{R}^n$ に同型である。

(2) U が m 次元線形空間、V を n 次元線形空間とする。$f : U \to V$ が単射ならば、$m \leq n$ である。f が全射ならば、$m \geq n$ である。

4.3.2 階数、線形方程式

定義 4.3.2 $f: U \to V$ を線形写像とする。f の**階数** $\operatorname{rank} f$ は $\operatorname{Im} f$ の次元である。

定理 4.2.6 より、$\operatorname{Ker} f \subset U$ の補空間 $\overline{K}$ があり、$\operatorname{Ker} f \cap \overline{K} = \{o\}$, $\operatorname{Ker} f \oplus \overline{K} = U$ となる。$f: \overline{K} \to \operatorname{Im} f$ の核は、$\{o\}$ であるから、$\overline{K}$ は $\operatorname{Im} f$ と同型になる。よって、$\dim \overline{K} = \dim \operatorname{Im} f = \operatorname{rank} f$ と定理 4.2.6 (4) から次の式を得る。

$$\dim \operatorname{Ker} f + \operatorname{rank} f = \dim U \tag{4.3.1}$$

例 4.3.1 (2) は、この式からも導ける。f が単射ならば、定理 4.3.3 (1) から、$\dim \operatorname{Ker} f = 0$ であり、$n = \dim V \geq \dim \operatorname{Im} f = \operatorname{rank} f = \dim U = m$ となる。f が全射ならば、定理 4.3.3 (2) から、$\operatorname{Im} f = V$ から、$m = \dim U = \dim \operatorname{Ker} f + \operatorname{rank} f \geq \operatorname{rank} f = \dim \operatorname{Im} f = \dim V = n$ である。

線形方程式 $f(x) = v$ を考える。次の定理と上の (4.3.1) が、例 4.1.1 の連立 1 次方程式の解についての抽象的な説明である。行列表示の節で、同じ結果（定理 4.4.8）を具体的に記述する。

定理 4.3.5（重ね合わせの原理） $f: U \to V$ を線形写像とし、線形方程式 $f(x) = v$ の解の集合を $X = \{x \in U | f(x) = v\}$ とする。$\operatorname{Ker} f$ は、$f(x) = o$ の解の集合である事に注意する。

(1) 解が存在する（$X \neq \emptyset$）ためには、$v \in \operatorname{Im} f$ が必要十分条件である。

(2) $x_0 \in X$ を解の一つ（**特殊解**）とする。$X = \{x_0 + \alpha | \alpha \in \operatorname{Ker} f\}$ である。

（証明）(1) これは、定義から明らかである。

(2) $Y = \{x_0 + \alpha | \alpha \in \operatorname{Ker} f\}$ とする。$X = Y$ を示す。

$X \subset Y$: 任意の $x \in X$ に対し、$f(x) = v$ であるから、$\alpha = x - x_0$ とすると、$f(\alpha) = f(x) - f(x_0) = v - v = o$ である。これは、$\alpha \in \operatorname{Ker} f$ を意味する。よって、$x = x_0 + \alpha \in Y$ である。

$Y \subset X$: 任意の $x = x_0 + \alpha \in Y$ に対して、$f(x) = f(x_0) + f(\alpha) = v + o = v$ であるから、$x \in X$ となる。

以上より、$X = Y$ である。 □

例 4.3.2 U, V を 2 次元線形空間とする。U の基底を u_1, u_2 とし、V の基底を v_1, v_2 とする。線形写像 $f: U \to V$ を、定理 4.3.1 (2) を使って、

$$f(u_1) = 2v_1 + 3v_2, \ f(u_2) = 4v_1 + 6v_2$$

により定義する。

(1) $\mathrm{Ker}\, f$: $u = au_1 + bu_2 \in \mathrm{Ker}\, f$ ならば、

$$f(au_1 + bu_2) = (2a + 4b)v_1 + (3a + 6b)v_2 = o$$

から、$a + 2b = 0,\ a = -2b$ となる。よって、$u = b(-2u_1 + u_2) \in \langle(-2u_1 + u_2)\rangle$ である。逆に $u = b(-2u_1 + u_2) \in \langle(-2u_1 + u_2)\rangle$ ならば、

$$f(u) = -2bf(u_1) + bf(u_2) = -2b(2v_1 + 3v_2) + b(4v_1 + 6v_2) = o$$

から、$u \in \mathrm{Ker}\, f$ である。

(2) $\mathrm{Im}\, f$: $u = au_1 + bu_2 \in U$ に対して、

$$f(u) = af(u_1) + bf(u_2) = a(2v_1 + 3v_2) + b(4v_1 + 6v_2) = (a + 2b)(2v_1 + 3v_2)$$

よって、$f(u) \in \langle(2v_1 + 3v_2)\rangle$ である。逆に $a(2v_1 + 3v_2) \in \langle(2v_1 + 3v_2)\rangle$ ならば、

$$f(au_1) = af(u_1) = a(2v_1 + 3v_2) \in \mathrm{Im}\, f$$

である。

(3) 線形方程式 $f(x) = v$ に、定理 4.3.5 を適用する。詳細はテスト 10 問 3 である。

例 4.3.3 n 階微分作用素

$$D = \frac{d^n}{dx^n} + P_{n-1}(x)\frac{d^{n-1}}{dx^{n-1}} + \cdots + P_1(x)\frac{d}{dx} + P_0(x)$$

は線形写像であり、同次形方程式 $Dy = 0$ の解の集合は、線形空間 $\mathrm{Ker}\, D$ になり、基底 $f_1(x), f_2(x), \cdots, f_n(x)$ が存在する。つまり、任意の一般解は、

$$y = C_1f_1(x) + C_2f_2(x) + \cdots + C_nf_n(x)$$

と表される。ここで、$C_1, C_2, \cdots, C_n$ は任意定数である。

非同次形方程式 $Dy = R(x)$ の一般解は、特殊解を $y_0 = g(x)$ とし、

$$y = g(x) + C_1f_1(x) + C_2f_2(x) + \cdots + C_nf_n(x)$$

である。

テスト 10

問 1. 線形空間 U の基底を $u_1, u_2, \cdots, u_m$ とする。線形空間 V の任意の要素を $u'_1, u'_2, \cdots, u'_m$ とし、関数 $f : U \to V$ を $f\left(\sum_{j=1}^{m} a_ju_j\right) = \sum_{j=1}^{m} a_ju'_j$ で定義する。

定理 f は線形写像である。

(証明) (V1) 任意の要素 $k \in R$, $u = \sum_{j=1}^{m} a_j u_j \in U$ に対し、

$$f(ku) = f\left(\boxed{A}\sum_{j=1}^{m} a_j u_j\right) = f\left(\sum_{j=1}^{m}\boxed{A} a_j u_j\right)$$
$$= \sum_{j=1}^{m}\boxed{A} a_j \boxed{B} = \boxed{A}\left(\sum_{j=1}^{m} a_j \boxed{B}\right) = \boxed{A} f\left(\boxed{C}\right)$$

(V2) 任意の要素 $u = \sum_{j=1}^{m} a_j u_j$, $v = \sum_{j=1}^{m} b_j u_j \in U$ に対し

$$f(u+v) = f\left(\sum_{j=1}^{m} a_j u_j + \sum_{j=1}^{m} b_j u_j\right) = f\left(\sum_{j=1}^{m}(\boxed{D})u_j\right)$$
$$= \sum_{j=1}^{m}(\boxed{D})\boxed{E} = \sum_{j=1}^{m}\boxed{F}\boxed{E} + \sum_{j=1}^{m} b_j \boxed{E} = f(\boxed{G}) + f(v) \qquad \square$$

問 2. (1) $\mathrm{Ker}\, f$ は線形空間である。

(証明) (V1) 任意の要素 $k \in R$, $u \in \mathrm{Ker}\, f$ に対し、$f(u) = o$ から

$f(ku) = \boxed{A} f(u) = \boxed{B}$ となり、$ku \boxed{C} \mathrm{Ker}\, f$

(V2) 任意の要素 $u \in \mathrm{Ker}\, f$, $u' \in \mathrm{Ker}\, f$ に対し、$f(u) = o$, $f(u') = o$ より、

$f(u+u') = f(u)\boxed{D} f(u') = o\boxed{D} o = \boxed{E}$ となり、$u + u' \boxed{F} \mathrm{Ker}\, f$ $\square$

(2) $\mathrm{Im}\, f$ は線形空間である。

(証明) (V1) 任意の要素 $k \in R$, $v \in \mathrm{Im}\, f$ に対し、

適当な $u \in U$ があり、$f(u) = v$ である。

$f(ku) = \boxed{A} f(u) = \boxed{A}\boxed{B}$ となり、$kv \boxed{C} \mathrm{Im}\, f$

(V2) 任意の要素 $v \in \mathrm{Im}\, f$, $v' \in \mathrm{Im}\, f$ に対し、

適当な $u \in U$, $u' \in U$ があり、$f(u) = v$, $f(u') = v'$ より、

$f(u+u') = f(u)\boxed{D} f(u') = \boxed{E}\boxed{D} v'$ となり、$v + v' \boxed{F} \mathrm{Im}\, f$ $\square$

問 3. 例 4.3.2 から、次を求めよ。

(1) $\mathrm{Ker}\, f = \langle(-\boxed{A} u_1 + \boxed{B} u_2)\rangle$

(2) $\mathrm{Im}\, f = \langle(\boxed{C} v_1 + \boxed{D} v_2)\rangle$ である。

(3) 線形方程式 $f(x) = v$ に、定理 4.3.5 を適用する。

解を持つためには、$v \in \mathrm{Im}\, f$ が必要十分条件である。

よって、適当な実数 a があって、$v = a(\boxed{E}v_1 + \boxed{F}v_2)$ となる事が必要十分条件になる。

その時、$x_0 = au_1$ とすると、

$$f(x_0) = af(u_1) = a(\boxed{E}v_1 + \boxed{F}v_2) = v$$

より、x_0 は特殊解である。また、上の (1) から、一般解は、

$$x = x_0 + \alpha = au_1 + b(-\boxed{G}u_1 + \boxed{H}u_2) = (a - \boxed{G}b)u_1 + \boxed{H}bu_2$$

である。ここで、b は任意の実数である。

4.4　行列表示

4.4.1　変換行列

定理 4.3.1 から、線形写像 $f : U \to V$ は V の m 個のベクトルで決まる。そこで、もう少し具体的にこれらを表現する。V の基底を $(v) : v_1, v_2, \cdots, v_n$ とする。m 個のベクトル $(u) : u_1, u_2, \cdots, u_m \in V$ に対し、定理 4.2.4 (2) の証明に現れる行列 P を (v) から (u) への**変換行列**と言う。すなわち、$u_j = \sum_{i=1}^{n} p_{ij}v_i$ とし、$P = (p_{ij})$ である。定理 4.2.4 (1) から、P は唯一つ決まる。$\sum_{j=1}^{m} k_j u_m = o$ とすると、

$$\sum_{j=1}^{m} k_j \sum_{i=1}^{n} p_{ij}v_i = \sum_{i=1}^{n}\left(\sum_{j=1}^{m} k_j p_{ij}\right) v_i = o, \quad \sum_{j=1}^{m} k_j p_{ij} = 0, \quad \sum_{j=1}^{m} k_j \begin{pmatrix} p_{1j} \\ \vdots \\ p_{nj} \end{pmatrix} = \vec{0}$$

よって、$u_1, u_2, \cdots, u_m$ が 1 次独立になるためには、P の列ベクトルが 1 次独立が必要十分条件である。その条件は、定理 4.2.2 で与えられている。よって、定理 4.2.6 と定理 4.2.2 から、次の定理 (2) (3) を得る。また、この式から、$u_1, u_2, \cdots, u_m$ の中で 1 次独立になるベクトルの最大数と、P の列ベクトルで 1 次独立になる物の最大数とが一致する事が分かる。そこで、定理 4.2.3 から、次の定理 (1) を得る。

定理 4.4.1　V を n 次元線形空間とし、基底 $(v) : v_1, v_2, \cdots, v_n$ を一組固定する。$(u) : u_1, u_2, \cdots, u_m \in V$ を m 個のベクトルとし、その変換行列を P とする。

(1) $(u) : u_1, u_2, \cdots, u_m$ で、1 次独立になるベクトルの最大数は、変換行列 P の階数 $\mathrm{rank}\, P$ である。すなわち、$\dim\langle u_1, u_2, \cdots, u_m\rangle = \mathrm{rank}\, P$ である。

(2) $(u) : u_1, u_2, \cdots, u_m$ が 1 次独立になるためには、$\mathrm{rank}\, P = m$ が必要十分条件である。この条件は P の列ベクトルが 1 次独立になる事と同値である。

(3) $m=n$ の時、$(u):u_1,u_2,\cdots,u_n$ が V の基底になるためには、$|P|\neq 0$ が必要十分条件である。

$(v):v_1,v_2,\cdots,v_n$, $(u):u_1,u_2,\cdots,u_n$, $(w):w_1,w_2,\cdots,w_n$ を V の3組の基底とする。(v) から (u) への変換行列を $P=(p_{ij})$, (u) から (w) への変換行列を $Q=(q_{ij})$ とする。

$$
\begin{aligned}
w_h &= \sum_{j=1}^{n} q_{jh}u_j = \sum_{j=1}^{n} q_{jh}\sum_{i=1}^{n} p_{ij}v_i \\
&= \sum_{i=1}^{n}\left(\sum_{j=1}^{n} p_{ij}q_{jh}\right) v_i
\end{aligned}
$$

最後の式の係数は、行列の積 PQ の i 行 h 列成分である。特に $(w)=(v)$ とすると、$PQ=E$ であるから、$Q=P^{-1}$ である。

定理 4.4.2 (1) (v) から (w) への変換行列は PQ である。

(2) (u) から (v) への変換行列は P^{-1} である。

4.4.2 行列表示

U を m 次元線形空間とし、その基底を $(u):u_1,u_2,\cdots,u_m$ とする。さらに、V を n 次元線形空間とし、その基底を $(v):v_1,v_2,\cdots,v_n$ とする。線形写像 $f:U\to V$ は、定理 4.3.1 で見たように、$f(u_1),f(u_2),\cdots f(u_m)$ で決まる。V の基底を使って、

$$
u'_j = f(u_j) = \sum_{i=1}^{n} a_{ij}v_i
$$

と書ける。この係数を成分とする $n\times m$ 行列 $A_f=(a_{ij})$ は (v) から (u') への変換行列であり、f の**表現行列**と言う。定理 4.3.1 は、基底を固定すれば、線形写像と表現行列が1対1に対応する事を意味する。また、表現行列は変換行列であるから、定理 4.4.1 (1) は、次の定理を意味する。

定理 4.4.3 線形写像 f の表現行列を A とすると、

$$
\operatorname{rank} f = \dim \operatorname{Im} f = \dim\langle f(u_1), f(u_2),\cdots, f(u_m)\rangle = \operatorname{rank} A
$$

また、W を ℓ 次元線形空間とし、その基底を $w_1,w_2,\cdots,w_\ell$ とする。$g:W\to U$ を線形写像とし、その表現行列を $A_g=(b_{jh})$ とする。線形写像の**合成** $f\circ g: W\xrightarrow{g} U\xrightarrow{f} V$ を $f\circ g(w)=f(g(w))\in V$ により定義する。

定理 4.4.4 (1) $f \circ g$ は線形写像である。

(2) $f \circ g$ の表現行列は積 $A_{f \circ g} = A_f A_g$ である。

問題 4.4.1 上の定理を証明せよ。

これまでは、線形空間の基底を一組固定して、線形写像の行列表現を得た。基底を変えた時の行列表現は、次の定理で与えられる。

定理 4.4.5 (基底の変換) m 次元線形空間 U の二つの基底を $(u) : u_1, u_2, \cdots, u_m$, $(u') : u'_1, u'_2, \cdots, u'_n$ とし、(u) から (u') への変換行列を $P = (p_{ij})$ とする。また、n 次元線形空間 V の二つの基底を $(v) : v_1, v_2, \cdots, v_n$, $(v') : v'_1, v'_2, \cdots, v'_n$ とし、(v) から (v') への変換行列を $Q = (q_{ij})$ とする。線形写像 $f : U \to V$ の基底 $(u), (v)$ に対する表現行列を $A = (a_{ij})$ とし、$(u'), (v')$ に関する表現行列を $B = (b_{ij})$ とする。その時、

$$B = Q^{-1}AP$$

である。

問題 4.4.2 上の定理を証明せよ。

注 1) P を正則な m 次正方行列、Q を正則な n 正方行列とする。$n \times m$ 行列 A と $B = Q^{-1}AP$ は**相似**と言う。上の定理より、相似な行列は、基底の取り方が違うだけで、同じ線形写像を表現している。

2) n 次元線形空間 V とその基底 $(v) : v_1, v_2, \cdots, v_n$ を組として、(V, v) と書く。また、恒等写像 $I_V : V \to V$ を $I_V(v) = v$ により定義する。V の別の基底を (v') とする。(v) から (v') への変換行列を $P = (p_{ij})$ とすると、定義から、

$$I_V(v'_j) = v'_j = \sum_{i=1}^{n} p_{ij} v_i$$

これは、$I_V : (V, v') \to (V, v)$ の表現行列が P になる事を意味する。そこで、合成写像

$$f = I_V \circ f \circ I_U : (U, u') \overset{I_U}{\to} (U, u) \overset{f}{\to} (V, v) \overset{I_V}{\to} (V, v')$$

と定理 4.4.4 (2) から、$B = Q^{-1}AP$ である。

4.4.3 $\mathbf{R}^n$ 上の線形写像

例 4.3.1 (1) より、全ての n 次元線形空間 V は列ベクトルのなす線形空間 $\mathbf{R}^n$ と同型である。そこで、特に $\mathbf{R}^n$ 上の線形写像について詳しく調べる。$(\vec{e}) : \vec{e}_1, \vec{e}_2, \cdots, \vec{e}_n \in \mathbf{R}^n$

を標準基底とする。m 個の列ベクトル $\vec{v}_1, \vec{v}_2, \cdots, \vec{v}_m$ の標準基底からの変換行列 P は、各ベクトル

$$\vec{v}_j = \sum_{i=1}^{n} p_{ij}\vec{e}_i = \begin{pmatrix} p_{1j} \\ \vdots \\ p_{nj} \end{pmatrix}$$

の成分を並べた行列 $P = (p_{ij})$ である。よって、次を得る。これは、定理 4.2.2 (3) の言い換えである。

定理 4.4.6 n 個の n 次元ベクトルの組 $(v) : \vec{v}_1, \vec{v}_2, \cdots, \vec{v}_n$ が $\mathbf{R}^n$ の基底になるためには、$|\vec{v}_1, \vec{v}_2, \cdots, \vec{v}_n| \neq 0$ が必要十分条件である。

線形写像 $f : \mathbf{R}^m \to \mathbf{R}^n$ の標準基底に関する表現行列 $A_f = (a_{ij})$ は、$f(\vec{e}_1), f(\vec{e}_2), \cdots, f(\vec{e}_n)$ の変換行列であるから、上に述べたことにより、

$$A_f = (f(\vec{e}_1), f(\vec{e}_2), \cdots, f(\vec{e}_n)) = (a_{ij}), \quad f(\vec{e}_j) = \begin{pmatrix} a_{1j} \\ a_{2j} \\ \vdots \\ a_{nj} \end{pmatrix}$$

である。さらに

$$f(\vec{u}) = f\begin{pmatrix} u_1 \\ u_2 \\ \vdots \\ u_m \end{pmatrix} = f\left(\sum_{j=1}^{m} u_j\vec{e}_j\right) = \sum_{j=1}^{m} u_j f(\vec{e}_j)$$

$$= \sum_{j=1}^{m} u_j \begin{pmatrix} a_{1j} \\ a_{2j} \\ \vdots \\ a_{nj} \end{pmatrix} = \begin{pmatrix} \sum_{j=1}^{m} a_{1j}u_j \\ \sum_{j=1}^{m} a_{2j}u_j \\ \vdots \\ \sum_{j=1}^{m} a_{nj}u_j \end{pmatrix} = A_f\vec{u}$$

逆に、$m \times n$ 行列 A に対して、$f_A : \mathbf{R}^m \to \mathbf{R}^n$ を $f_A(\vec{u}) = A\vec{u}$ により定義すると、明らかに線形写像である。よって、行列は線形写像を表し、線形写像は行列により表現される。更に、**行列の核**を $\mathrm{Ker}\, A = \{\vec{v} | A\vec{v} = \vec{0}\}$ で、**行列の像**を $\mathrm{Im}\, A = \{A\vec{u} | \vec{u} \in \mathbf{R}^m\} = \langle \vec{a}_1, \vec{a}_2, \cdots, \vec{a}_m \rangle$ で定義する。ここで、$\vec{a}_j$ は、A の j 列ベクトルである。以上と定理 4.3.2 から次を得る。

定理 4.4.7 線形写像と行列の対応 $f \to A_f$ と、行列と線形写像の対応 $A \to f_A$ はそれぞれ逆対応で、1 対 1 である。その時、

$$\mathrm{Ker}\, A = \mathrm{Ker}\, f_A, \quad \mathrm{Im}\, A = \mathrm{Im}\, f_A, \quad \mathrm{rank}\, A = \mathrm{rank}\, f_A$$

特に、$\mathrm{Ker}\, A$, $\mathrm{Im}\, A$ は線形空間である。

よって、n 次正方行列 A は、線形写像 $f_A(\vec{v}) = A\vec{v}$ を表現している。この対応で、連立1次方程式 $A\vec{x} = \vec{d}$ は、線形方程式 $f_A(\vec{x}) = \vec{d}$ に対応する。よって、定理 4.3.5 は、次を意味する。この定理が、消去法による解の理論的な解釈である。具体的な例は、テスト11 問1である。

定理 4.4.8（重ね合わせの原理） 連立1次方程式 $A\vec{x} = \vec{d}$ の解の集合を $X = \{\vec{x} \in \mathbf{R}^m | A\vec{x} = \vec{d}\}$ とする。

(1) 解が存在する（$X \neq \emptyset$）ためには、$\vec{d} \in \operatorname{Im} A$ が必要十分条件である。

(2) $\vec{x}_0 \in X$ を解の一つ（**特殊解**）とする。$X = \{\vec{x}_0 + \vec{\alpha} | \vec{\alpha} \in \operatorname{Ker} A\}$ である。

基底の変換による表現行列の変化は、定理 4.4.5 から得られる。特に、ここでは直接の証明を与える。

定理 4.4.9 線形写像 $f : \mathbf{R}^n \to \mathbf{R}^n$ の標準基底に関する表現行列を $A = (a_{ij})$ とする。$\mathbf{R}^n$ の別の基底を $(v) : \vec{v}_1, \vec{v}_2, \cdots, \vec{v}_n$ とし、標準基底からの変換行列を $P = (\vec{v}_1, \vec{v}_2, \cdots, \vec{v}_n) = (p_{ij})$ とする。(v) に関する f の表現行列を $B = (b_{ij})$ とすると、

$$B = P^{-1}AP$$

（証明）明らかに、$P\vec{e}_j = \vec{v}_j$ である。(v) が基底であるから、定理 4.4.1 (3) より、P は正則であり、P^{-1} がある。それで、$P^{-1}\vec{v}_j = \vec{e}_j$ である。次に、$f(\vec{v}) = A\vec{v}$ と表現行列の定義から、

$$AP\vec{e}_j = A\vec{v}_j = f(\vec{v}_j) = \sum_{i=1}^{n} b_{ij}\vec{v}_i = \sum_{i=1}^{n} b_{ij}P(\vec{e}_i),$$

$$P^{-1}AP\vec{e}_j = \sum_{i=1}^{n} b_{ij}\vec{e}_i = \begin{pmatrix} b_{1j} \\ b_{2j} \\ \vdots \\ b_{nj} \end{pmatrix}$$

この式の左辺は、$P^{-1}AP$ の j 列ベクトルであり、右辺は B の j 列ベクトルである。よって、$P^{-1}AP = B$ である。 □

定義 4.4.1 n 次正方行列 A, B は、正則行列 P があり、$B = P^{-1}AP$ となる時、**相似**と言う。

相似な行列は、基底を取り替えているだけで、同じ線形写像を表現している。そこで、相似な行列の中で、なるべく簡単な物（対角行列）を選びたい。それが、次の章のテーマである。

レポート 6

次の行列 A の Ker$A$ と ImA の基底を求めよ。ただし、$\vec{v} = \begin{pmatrix} x \\ y \\ z \end{pmatrix} \in \mathrm{Ker}A$ とする。

(1) $A = \begin{pmatrix} 1 & -2 & -3 \\ 2 & -4 & -6 \\ -3 & 6 & 9 \end{pmatrix}$， 消去法により x を y, z で表せ。

(2) $A = \begin{pmatrix} 1 & 2 & -1 \\ -2 & -2 & -2 \\ -3 & -1 & -7 \end{pmatrix}$， 消去法により x, y を z で表せ。

(3) $A = \begin{pmatrix} 1 & -2 & -1 \\ 2 & 1 & 3 \\ 3 & 4 & 2 \end{pmatrix}$， 消去法により x, y, z を求めよ。

テスト 11

問 1. 次の行列 A の $\mathrm{Ker}\,A$ と $\mathrm{Im}\,A$ の基底を求め、連立 1 次方程式 $A\vec{x} = \vec{d}$ を解け。

(1) $A = \begin{pmatrix} 1 & -1 & -2 \\ 2 & -2 & -4 \\ -1 & 1 & 2 \end{pmatrix}$ とすると、$\mathrm{Ker}\,A$ の基底は $\vec{u}_1 = \begin{pmatrix} \boxed{A} \\ 1 \\ 0 \end{pmatrix}$, $\vec{u}_2 = \begin{pmatrix} \boxed{B} \\ 0 \\ 1 \end{pmatrix}$、

$\mathrm{Im}\,A$ の基底は $\vec{a}_1 = \begin{pmatrix} \boxed{C} \\ \boxed{D} \\ -1 \end{pmatrix}$、 $\mathrm{rank}\,A = 1$

$A\vec{x} = \vec{d}$ が解を持つためには、$\vec{d} \in \mathrm{Im}\,A$ が必要十分条件だから、適当な $k \in \mathbf{R}$ があって、$\vec{d} = k\vec{a}_1$ となる。この時、$A(k\vec{e}_1) = \boxed{E}$ であるから、

一般解は $\vec{x} = \boxed{F}\,\vec{e}_1 + y\begin{pmatrix} \boxed{G} \\ 1 \\ 0 \end{pmatrix} + z\begin{pmatrix} \boxed{H} \\ 0 \\ 1 \end{pmatrix}$

(2) $A = \begin{pmatrix} 1 & -1 & 1 \\ 2 & 1 & 5 \\ -1 & -2 & -4 \end{pmatrix}$ とすると、Ker A の基底は、$\begin{pmatrix} -\boxed{A} \\ -\boxed{B} \\ 1 \end{pmatrix}$、

Im A の基底は、$\begin{vmatrix} 1 & -1 \\ 2 & 1 \end{vmatrix} = 3 \neq 0$ より、$\vec{a}_1 = \begin{pmatrix} 1 \\ \boxed{C} \\ -1 \end{pmatrix}$，$\vec{a}_2 = \begin{pmatrix} -1 \\ \boxed{D} \\ -2 \end{pmatrix}$、rank $A = 2$

$A\vec{x} = \vec{d}$ が解を持つためには、$\vec{d} \in \mathrm{Im}\, A$ が必要十分条件だから、適当な $k_1, k_2 \in \mathbf{R}$ があって、$\vec{d} = k_1\vec{a}_1 + k_2\vec{a}_2$ となる。この時、$A(k_1\vec{e}_1 + k_2\vec{e}_2) = \boxed{E}$ であるから、

一般解は $\vec{x} = \boxed{F}_1\, \vec{e}_1 + \boxed{F}_2\, \vec{e}_2 + z \begin{pmatrix} -\boxed{G} \\ -\boxed{H} \\ 1 \end{pmatrix}$

(3) $A = \begin{pmatrix} 1 & -1 & 1 \\ 2 & 1 & 2 \\ -1 & 1 & 1 \end{pmatrix}$ とすると、Ker $A = \left\{ \begin{pmatrix} \boxed{A} \\ 0 \\ 0 \end{pmatrix} \right\}$、

Im A の基底は、$|A| = 6 \neq 0$ より、$\vec{a}_1 = \begin{pmatrix} 1 \\ \boxed{B} \\ -1 \end{pmatrix}$，$\vec{a}_2 = \begin{pmatrix} -1 \\ 1 \\ \boxed{C} \end{pmatrix}$，$\vec{a}_3 = \begin{pmatrix} 1 \\ \boxed{D} \\ 1 \end{pmatrix}$、

rank $A = 3$

Im $A = \mathbf{R}^3$ より、$A\vec{x} = \vec{d}$ は常に解を持ち、適当な $k_1, k_2, k_3 \in \mathbf{R}^n$ があって $\vec{d} = k_1\vec{a}_1 + k_2\vec{a}_2 + k_3\vec{a}_3$ となる。この時、解はただ一つであり、$\vec{x} = \boxed{E}_1\, \vec{e}_1 + \boxed{E}_2\, \vec{e}_2 + \boxed{E}_3\, \vec{e}_3$

問 2. $A = \begin{pmatrix} -1 & 6 \\ -2 & 6 \end{pmatrix}$ とする。新しい基底を $(v) : \vec{v}_1 = \begin{pmatrix} 2 \\ 1 \end{pmatrix}$，$\vec{v}_2 = \begin{pmatrix} 3 \\ 2 \end{pmatrix}$ とし、変換行列を P とする。$A\vec{v}_1 = \boxed{A}\,\vec{v}_1$，$A\vec{v}_2 = \boxed{B}\,\vec{v}_2$ である。

よって、(v) に関する f_A の表現行列は、$B = \begin{pmatrix} \boxed{C} & \boxed{D} \\ \boxed{E} & \boxed{F} \end{pmatrix}$ である。

定理 4.4.9 から、$\boxed{G}^{-1} A \boxed{G} = \boxed{H}$

第 5 章

固有値と固有ベクトル

5.1 固有値

5.1.1 固有値の定義

$f : \mathbf{R}^n \to \mathbf{R}^n$ を線形写像とし、n 次正方行列 A を標準基底に関する f の表現行列とする。$\mathbf{R}^n$ のある基底を (v) : $\vec{v}_1, \vec{v}_2, \cdots, \vec{v}_n$ とし、標準基底からの変換行列を $P = (\vec{v}_1, \vec{v}_2, \cdots, \vec{v}_n)$ とする。この基底に関する f の表現行列は、定理 4.4.9 から $P^{-1}AP$ になる。基底をうまく選ぶ事で、簡単な行列（対角行列）を得ようというのが、この章の内容である。

定義 5.1.1 対角行列 $B = \begin{pmatrix} \lambda_1 & & & & \\ & \ddots & & O & \\ & & \lambda_i & & \\ & O & & \ddots & \\ & & & & \lambda_n \end{pmatrix}$ に相似な行列 A は**対角化可能**と呼ばれ、B を A の**対角化**と言う。

A が対角化可能で、その対角化を $P^{-1}AP$ とすると、

$$P^{-1}AP\vec{e}_j = \lambda_j \vec{e}_j, \quad AP\vec{e}_j = \lambda_j P\vec{e}_j$$

である。$P\vec{e}_j = \vec{v}_j$ より、

$$A\vec{v}_j = AP\vec{e}_j = \lambda_j P\vec{e}_j = \lambda_j \vec{v}_j$$

逆に、基底 (v) があって、この式が成り立つならば、(v) に関する表現行列 $P^{-1}AP$ は対角行列になる。

定義 5.1.2　(1) n 次正方行列 A に対し、$A\vec{v}=\lambda\vec{v}$ となるベクトル $\vec{v}\neq\vec{0}$ がある時、λ を A の**固有値**と言い、$\vec{v}$ を λ に属する**固有ベクトル**と言う。$V_\lambda=\{\vec{v}|\,A\vec{v}=\lambda\vec{v}\}\subset\mathbf{R}^n$ を λ の**固有空間**と呼ぶ。

(2) 変数 λ の n 次多項式 $\varphi_A(\lambda)=|A-\lambda E|$ を A の**固有多項式**と呼び、方程式 $\varphi_A(\lambda)=0$ を**固有方程式** と呼ぶ。

固有値の定義式を $(A-\lambda E)\vec{v}=\vec{0}$ と書き換えると、固有空間は $V_\lambda=\mathrm{Ker}(A-\lambda E)$ であり、定理 4.4.7 から線形空間になる。また、固有ベクトル $\vec{v}\neq\vec{0}$ があると言う条件は、連立方程式 $(A-\lambda E)\vec{x}=\vec{0}$ が $\vec{x}=\vec{0}$ 以外の解を持つ事を意味する。定理 2.3.1 (4) から、この条件は $(A-\lambda E)$ が正則にならない事と同値であり、定理 3.2.5 から、$\varphi_A(\lambda)=|A-\lambda E|=0$ と同値である。また、相似な行列の固有多項式は、次のように等しくなる。

$$\begin{aligned}\varphi_{P^{-1}AP}(\lambda)&=|P^{-1}AP-\lambda E|=|P^{-1}AP-\lambda P^{-1}EP|\\&=|P^{-1}||A-\lambda E||P|=|A-\lambda E|=\varphi_A(\lambda)\end{aligned}$$

以上より、次の定理を得る。

定理 5.1.1　(1) λ が A の固有値になるためには、λ が A の固有方程式

$$\varphi_A(\lambda)=|A-\lambda E|=0$$

の解である事が必要十分条件である。

(2) 固有空間 $V_\lambda=\mathrm{Ker}(A-\lambda E)$ は線形空間である。

(3) 相似な行列の固有多項式、固有方程式、固有値は、全て等しい。

固有値が固有方程式の m 重解の時、$\boldsymbol{m}$ **重固有値**と呼び、m を**重複度**と言う.

例題 5.1.1　次の行列の固有値を求め、その重複度を求めよ。

(1) $\begin{pmatrix}3&4\\-1&-2\end{pmatrix}$　(2) $\begin{pmatrix}\cos\theta&-\sin\theta\\\sin\theta&\cos\theta\end{pmatrix}$　(3) $\begin{pmatrix}3&2\\-2&-1\end{pmatrix}$　(4) $\begin{pmatrix}2&0\\0&2\end{pmatrix}$

(解答) (1) 固有方程式は

$$\begin{vmatrix}3-\lambda&4\\-1&-2-\lambda\end{vmatrix}=(3-\lambda)(-2-\lambda)+4=\lambda^2-\lambda-2=(\lambda-2)(\lambda+1)=0$$

であるから、固有値は $\lambda=2,-1$ になり、重複度はどちらも 1 である。

(2) 固有方程式は $\begin{vmatrix}\cos\theta-\lambda&-\sin\theta\\\sin\theta&\cos\theta-\lambda\end{vmatrix}=\lambda^2-2\cos\theta\lambda+1=0$ である。判別式は

$$D=4(\cos^2\theta-1)\leq 0$$

であるから、$\cos\theta \neq \pm 1$ の場合実数の固有値は存在しない。

複素ベクトルと複素行列に範囲を広げるならば、固有値は

$$\lambda = \cos\theta \pm \sqrt{\cos^2\theta - 1} = \cos\theta \pm i\sin\theta$$

$\cos\theta \neq \pm 1$ ならば重複度はどちらも 1 である。

$\cos\theta = 1$ ならば固有値 $\lambda = 1$ であり, $\cos\theta = -1$ ならば固有値は $\lambda = -1$ であり、どちらの場合も重複度は 2 である。

(3) 固有方程式は $\begin{vmatrix} 3-\lambda & 2 \\ -2 & -1-\lambda \end{vmatrix} = \lambda^2 - 2\lambda + 1 = (\lambda - 1)^2 = 0$ であるから、固有値は $\lambda = 1$ で、 重複度は 2 である。

(4) 固有方程式は $\begin{vmatrix} 2-\lambda & 0 \\ 0 & 2-\lambda \end{vmatrix} = (2-\lambda)^2 = 0$ であるから、固有値は $\lambda = 2$ であり、重複度は 2 である。

問題 5.1.1 次の行列の固有値を求め、その重複度を求めよ。

(1) $\begin{pmatrix} 1 & 2 \\ 2 & -2 \end{pmatrix}$ (2) $\begin{pmatrix} 4 & -5 \\ 2 & -2 \end{pmatrix}$ (3) $\begin{pmatrix} 1 & -1 \\ 1 & 3 \end{pmatrix}$ (4) $\begin{pmatrix} -1 & 0 \\ 0 & -1 \end{pmatrix}$

次の定理は、A^n を計算するのに使用される。証明は省略する。

定理 5.1.2（ケイリー-ハミルトンの定理） 行列 A の固有多項式を $\varphi_A(\lambda) = \sum_{i=0}^{n} c_i\lambda^i$ とすると $\varphi_A(A) = \sum_{i=0}^{n} c_i A^i = O$ となる。

例 5.1.1 例 5.1.1 (1) の A に対して、固有多項式は $\varphi_A(\lambda) = \lambda^2 - \lambda - 2$ である。よって、

$A^2 = A + 2E,\quad A^3 = AA^2 = A(A+2E) = A^2 + 2A = (A+2E) + 2A = 3A + 2E,$
$A^4 = AA^3 = A(3A+2E) = 3A^2 + 2A = 3(A+2E) + 2A = 5A + 6E$

5.1.2 固有空間

固有空間は、連立方程式 $(A - \lambda E)\vec{x} = \vec{0}$ の解空間であるから、$\mathrm{Ker}(A - \lambda E)$ であり、消去法により求まる。

例題 5.1.2 例題 5.1.1 の各行列の固有空間の基底を求めよ。ただし、実数固有値の固有空間とする。

(解答) 固有ベクトルを $\vec{v} = \begin{pmatrix} x \\ y \end{pmatrix}$ とすると、固有ベクトルになる条件は

$$(A - \lambda E)\begin{pmatrix} x \\ y \end{pmatrix} = \begin{pmatrix} 0 \\ 0 \end{pmatrix}, \quad V_\lambda = \mathrm{Ker}(A - \lambda E)$$

(1) $\lambda = 2$ の場合、消去法により、$\left(\begin{array}{cc|c} 1 & 4 & 0 \\ -1 & -4 & 0 \end{array}\right) \to \left(\begin{array}{cc|c} 1 & 4 & 0 \\ 0 & 0 & 0 \end{array}\right)$,

$$x + 4y = 0, \quad x = -4y, \qquad \vec{v} = \begin{pmatrix} x \\ y \end{pmatrix} = \begin{pmatrix} -4y \\ y \end{pmatrix} = y\begin{pmatrix} -4 \\ 1 \end{pmatrix}$$

よって、$\lambda = 2$ に属する固有空間 V_2 は1次元であり、その基底は $\begin{pmatrix} -4 \\ 1 \end{pmatrix}$ である。

注 基底の選び方は何通りもあり、例えば、$\begin{pmatrix} 1 \\ -\frac{1}{4} \end{pmatrix}$ を基底としても良い。

$\lambda = -1$ の場合は、$\left(\begin{array}{cc|c} 4 & 4 & 0 \\ -1 & -1 & 0 \end{array}\right) \to \left(\begin{array}{cc|c} 1 & 1 & 0 \\ 0 & 0 & 0 \end{array}\right)$,

$$x + y = 0, \quad y = -x, \qquad \vec{v} = \begin{pmatrix} x \\ y \end{pmatrix} = \begin{pmatrix} x \\ -x \end{pmatrix} = x\begin{pmatrix} 1 \\ -1 \end{pmatrix}$$

よって、$\lambda = -1$ に属する固有空間 V_{-1} は1次元であり、その基底は $\begin{pmatrix} 1 \\ -1 \end{pmatrix}$ である。

(2) $\cos\theta = \pm 1$ の時は、$\sin\theta = 0$ であるから問題の行列は $\pm E$ になる。その時全てのベクトルが固有値 $\lambda = \pm 1$ に属する固有ベクトルになる。よって 固有空間 $V_{\pm 1} = \mathbf{R}^2$ の基底は $\begin{pmatrix} 1 \\ 0 \end{pmatrix}$, $\begin{pmatrix} 0 \\ 1 \end{pmatrix}$ である。

$\cos\theta \neq \pm 1$ の時は、実数の固有値は無い。

(3) 固有値 $\lambda = 1$ の場合は、$\left(\begin{array}{cc|c} 2 & 2 & 0 \\ -2 & -2 & 0 \end{array}\right) \to \left(\begin{array}{cc|c} 1 & 1 & 0 \\ 0 & 0 & 0 \end{array}\right)$,

$$x + y = 0, \quad y = -x, \qquad \vec{v} = \begin{pmatrix} x \\ y \end{pmatrix} = \begin{pmatrix} x \\ -x \end{pmatrix} = x\begin{pmatrix} 1 \\ -1 \end{pmatrix}$$

よって、$\lambda = 1$ に属する固有空間 V_1 は1次元であり、その基底は $\begin{pmatrix} 1 \\ -1 \end{pmatrix}$ である。

(4) $\lambda = 2$ の場合は、$\left(\begin{array}{cc|c} 0 & 0 & 0 \\ 0 & 0 & 0 \end{array}\right)$ であるから、全てのベクトルが固有ベクトルになり $V_2 = \mathbf{R}^2$、基底は $\begin{pmatrix} 1 \\ 0 \end{pmatrix}, \begin{pmatrix} 0 \\ 1 \end{pmatrix}$ である。

問題 5.1.2　問題 5.1.1 の各行列の固有空間の基底を求めよ.

テスト 12

問 1. 行列 $A = \begin{pmatrix} 8 & 3 & -13 \\ 4 & 4 & -10 \\ 6 & 3 & -11 \end{pmatrix}$ について次の問に答えよ。

(1) 固有多項式は

$$\begin{aligned}
\varphi_A(\lambda) &= \begin{vmatrix} (8-\lambda) & 3 & -13 \\ 4 & (4-\lambda) & -10 \\ 6 & 3 & (-11-\lambda) \end{vmatrix} \\
&= (8-\lambda)\begin{vmatrix} (4-\lambda) & -10 \\ 3 & (-11-\lambda) \end{vmatrix} - 3\begin{vmatrix} 4 & -10 \\ 6 & (-11-\lambda) \end{vmatrix} - 13\begin{vmatrix} 4 & (4-\lambda) \\ 6 & 3 \end{vmatrix} \\
&= (8-\lambda)(\lambda^2 + \boxed{A}\lambda - 14) - 3(-\boxed{B}\lambda + 16) - 13(\boxed{C}\lambda - 12) \\
&= -\lambda^3 + \lambda^2 + 4\lambda - \boxed{D}
\end{aligned}$$

(2) 固有値は $\lambda = \boxed{E}, \pm\boxed{F}$

(3) ケイリー-ハミルトンの定理より

$$\begin{aligned}
A^3 &= A^2 + 4A - \boxed{G}E \\
A^4 &= AA^3 = A^3 + 4A^2 - \boxed{G}A = \boxed{H}A^2 - \boxed{I}E \\
A^5 &= AA^4 = \boxed{H}A^3 - \boxed{I}A = \boxed{J}A^2 + 16A - 20E
\end{aligned}$$

問 2.　行列 $A = \begin{pmatrix} 8 & 2 & -5 \\ 1 & 1 & -1 \\ 14 & 4 & -9 \end{pmatrix}$ の固有方程式は

$$\varphi_A(\lambda) = \begin{vmatrix} (8-\lambda) & 2 & -5 \\ 1 & (1-\lambda) & -1 \\ 14 & 4 & (-9-\lambda) \end{vmatrix}$$

$$= (8-\lambda)\begin{vmatrix} (1-\lambda) & -1 \\ 4 & (-9-\lambda) \end{vmatrix} - 2\begin{vmatrix} 1 & -1 \\ 14 & (-9-\lambda) \end{vmatrix} - 5\begin{vmatrix} 1 & (1-\lambda) \\ 14 & 4 \end{vmatrix}$$

$$= (8-\lambda)(\lambda^2 + 8\lambda - \boxed{A}) - 2(-\lambda + \boxed{B}) - 5(14\lambda - 10)$$

$$= -\lambda^3 + \boxed{C}\lambda = 0$$

よって、固有値は $\lambda = 0, \boxed{D}, -\boxed{E}$

固有ベクトルを $\vec{v} = \begin{pmatrix} x \\ y \\ z \end{pmatrix}$ とすると、消去法により、

固有値 $\lambda = 0$ の場合は、$\left(\begin{array}{ccc|c} 8 & 2 & -5 & 0 \\ 1 & 1 & -1 & 0 \\ 14 & 4 & -9 & 0 \end{array}\right) \to \left(\begin{array}{ccc|c} 1 & 1 & -1 & 0 \\ 8 & 2 & -5 & 0 \\ 14 & 4 & -9 & 0 \end{array}\right) \to$

$$\left(\begin{array}{ccc|c} 1 & 1 & -1 & 0 \\ 0 & -6 & 3 & 0 \\ 0 & -10 & 5 & 0 \end{array}\right) \to \left(\begin{array}{ccc|c} 1 & 1 & -1 & 0 \\ 0 & 1 & -\frac{1}{2} & 0 \\ 0 & -10 & 5 & 0 \end{array}\right) \to \left(\begin{array}{ccc|c} 1 & 0 & -\frac{1}{2} & 0 \\ 0 & 1 & -\frac{1}{2} & 0 \\ 0 & 0 & 0 & 0 \end{array}\right)$$

$$\begin{cases} x - \frac{1}{2}z &= 0 \\ y - \frac{1}{2}z &= 0 \end{cases}, \quad \begin{cases} x &= \frac{1}{2}z = \boxed{F}\,y \\ z &= \boxed{G}\,y \end{cases}, \quad \vec{v} = y\begin{pmatrix} \boxed{F} \\ 1 \\ \boxed{G} \end{pmatrix}$$

であり、固有空間の基底は $\begin{pmatrix} \boxed{F} \\ 1 \\ \boxed{G} \end{pmatrix}$

固有値 $\lambda = \boxed{C}$ の場合は、$\left(\begin{array}{ccc|c} 7 & 2 & -5 & 0 \\ 1 & 0 & -1 & 0 \\ 14 & 4 & -10 & 0 \end{array}\right) \to \left(\begin{array}{ccc|c} 1 & 0 & -1 & 0 \\ 7 & 2 & -5 & 0 \\ 14 & 4 & -10 & 0 \end{array}\right) \to$

$$\left(\begin{array}{ccc|c} 1 & 0 & -1 & 0 \\ 0 & 2 & 2 & 0 \\ 0 & 4 & 4 & 0 \end{array}\right) \to \left(\begin{array}{ccc|c} 1 & 0 & -1 & 0 \\ 0 & 1 & 1 & 0 \\ 0 & 4 & 4 & 0 \end{array}\right) \to \left(\begin{array}{ccc|c} 1 & 0 & -1 & 0 \\ 0 & 1 & 1 & 0 \\ 0 & 0 & 0 & 0 \end{array}\right)$$

$$\begin{cases} x - z &= 0 \\ y + z &= 0 \end{cases}, \quad \begin{cases} x &= \boxed{H}\,z \\ y &= -\boxed{I}\,z \end{cases}, \quad \vec{v} = z\begin{pmatrix} \boxed{H} \\ -\boxed{I} \\ 1 \end{pmatrix}$$

であり、固有空間の基底は $\begin{pmatrix} \boxed{H} \\ -\boxed{I} \\ 1 \end{pmatrix}$

固有値 $\lambda = -\boxed{D}$ の場合は、$\left(\begin{array}{ccc|c} 9 & 2 & -5 & 0 \\ 1 & 2 & -1 & 0 \\ 14 & 4 & -8 & 0 \end{array}\right) \to \left(\begin{array}{ccc|c} 1 & 2 & -1 & 0 \\ 9 & 2 & -5 & 0 \\ 14 & 4 & -8 & 0 \end{array}\right) \to$

$$\left(\begin{array}{ccc|c} 1 & 2 & -1 & 0 \\ 0 & -16 & 4 & 0 \\ 0 & -24 & 6 & 0 \end{array}\right) \to \left(\begin{array}{ccc|c} 1 & 2 & -1 & 0 \\ 0 & 1 & -\frac{1}{4} & 0 \\ 0 & -24 & 6 & 0 \end{array}\right) \to \left(\begin{array}{ccc|c} 1 & 0 & -\frac{1}{2} & 0 \\ 0 & 1 & -\frac{1}{4} & 0 \\ 0 & 0 & 0 & 0 \end{array}\right)$$

$$\begin{cases} x - \frac{1}{2}z & = 0 \\ y - \frac{1}{4}z & = 0 \end{cases}, \quad \begin{cases} x & = \frac{1}{2}z = \boxed{J}\,y \\ z & = \boxed{K}\,y \end{cases}, \quad \vec{v} = y \begin{pmatrix} \boxed{J} \\ 1 \\ \boxed{K} \end{pmatrix}$$

であり、固有空間の基底は $\begin{pmatrix} \boxed{J} \\ 1 \\ \boxed{K} \end{pmatrix}$

5.2 行列の対角化

5.2.1 固有空間の直和

この章の最初に述べたように、$\mathbf{R}^n$ の基底が、n 次正方行列 A の固有ベクトルの組ならば、基底の変換行列 P により、$P^{-1}AP$ は対角行列になる。その為に、固有ベクトルの1次独立性について調べる。

定理 5.2.1 A を正方行列とする。

(1) $\lambda \neq \mu$ を異なる A の固有値とし、V_λ, V_μ を固有空間とする。その時、$V_\lambda \cap V_\mu = \{\vec{0}\}$ である。

(2) $\lambda_1, \lambda_2, \cdots, \lambda_m$ を互いに相異なる A の固有値とし、ベクトル $\vec{v}_i$ を λ_i に属する固有ベクトルとする。その時、 $\vec{v}_1, \vec{v}_2, \cdots, \vec{v}_m$ は一次独立である.

問題 5.2.1 上の定理を証明せよ。

n 次正方行列 A の固有値は、n 次固有方程式の解であるから、重解が無いならば、ちょうど n 個ある。各固有空間から、固有ベクトルを1個ずつ取ると、上の定理から1次独立になり、$\mathbf{R}^n$ の基底になる。従って、A は対角化可能である。この時、2次元以上の固有空間があるならば、$n+1$ 個以上の 1 次独立なベクトルの組を得るから、$\mathbf{R}^n$ が n 次元に矛盾する。よって、全ての固有空間は 1 次元である。固有方程式が重解を持つ場合を含めて、次の定理を得る。

定理 5.2.2　(1) n 次元正方行列 A の各固有値を λ_j $(j=1,2,\cdots,m)$ とし、各固有空間を V_{λ_j} とする。また、固有値 λ_j の重複度を n_j とする。$\dim V_{\lambda_j}=n_j$ $(j=1,2,\cdots,m)$ は、A が対角化可能になるための必要十分条件である。その時、対角化された対角行列の対角成分は固有値であり、$V_{\lambda_1}\oplus V_{\lambda_2}\oplus\cdots\oplus V_{\lambda_m}=\mathbf{R}^n$ となる。

(2) 固有方程式が重解を持たない時、その行列は対角化可能である。

(証明) (1) n 次正方行列 A の固有多項式の次元は n であり、固有多項式を

$$\varphi_A=|A-\lambda E|=(-1)^n(\lambda-\lambda_1)^{n_1}(\lambda-\lambda_2)^{n_2}\cdots(\lambda-\lambda_m)^{n_m}$$

とすると、$n_1+n_2+\cdots+n_m=n$ である。

$\dim V_{\lambda_j}=n_j$ $(j=1,2,\cdots,m)$ ならば、各固有空間 V_{λ_j} の基底を $\vec{v}_{j1},\vec{v}_{j2},\cdots,\vec{v}_{jn_j}$ とすると、これを全て並べたベクトルの組

$$\vec{v}_{11},\vec{v}_{12},\cdots,\vec{v}_{1n_1},\vec{v}_{21},\vec{v}_{22},\cdots,\vec{v}_{2n_2},\cdots,\vec{v}_{m1},\vec{v}_{m2},\cdots,\vec{v}_{mn_m}$$

は定理 5.2.1 (2) から一次独立になり、個数は $n_1+n_2+\cdots+n_m=n$ 個であるから、基底である。よって、固有ベクトルからなる基底が取れたから、対角化可能である.

逆に対角化可能ならば $P^{-1}AP=\begin{pmatrix}\mu_1 & 0 & & \cdots & 0\\ 0 & \mu_2 & 0 & \cdots & 0\\ \vdots & & \ddots & & \vdots\\ \vdots & & & & 0\\ 0 & \cdots & \cdots & 0 & \mu_n\end{pmatrix}$ となる正則行列 P が取れる。各 μ_i は A の固有値になり、ある λ_j に等しい。また、P の i 列ベクトルは μ_i に属する固有ベクトルであり、全ての列ベクトルの組は $\mathbf{R}^n$ の基底になる。定理 5.1.1 (3) から A の固有多項式は $P^{-1}AP$ と同じであり、

$$|P^{-1}AP-\lambda E|=(-1)^n(\lambda-\mu_1)(\lambda-\mu_2)\cdots(\lambda-\mu_n)$$

であるから、

$$\varphi_A(\lambda)=|A-\lambda E|=(-1)^n(\lambda-\lambda_1)^{n_1}(\lambda-\lambda_2)^{n_2}\cdots(\lambda-\lambda_m)^{n_m}$$

と比較する。λ_j の重複度は、$\mu_1,\mu_2,\cdots,\mu_n$ のうち λ_j に等しい $\mu_{i_1},\mu_{i_2},\cdots,\mu_{i_{n_j}}$ の個数 n_j である。その時、λ_j に属する固有空間の基底は P の $i_1,i_2,\cdots,i_{n_j}$ 列ベクトルであるから、λ_j の重複度とその固有空間の次元とは一致する。

また後半は、定理 5.2.1 (1) と基底の取り方から明らかである。

(2) この場合はすでに説明した。(1) で重複度が常に 1 になる場合である。 □

問題 5.2.2 行列 A が対角化可能な時、固有多項式を $\varphi_A(\lambda)$ とすると、$\varphi_A(A) = O$ となる事を示せ。

ヒント A と $P^{-1}AP$ の固有多項式は等しく、$P^{-1}f(A)P = f(P^{-1}AP)$ となる事を使う。

注 これは定理 5.1.2 （ハミルトン-ケイリーの定理）の特殊な場合である。

例題 5.2.1 例題 5.1.1 の行列で対角化可能なものがあれば対角化せよ。

(解答) これまでの例題から固有値および固有空間の基底は求められているから、それを利用する。

(1) 固有方程式は重解を持たず、

$\lambda = 2$ に属する固有空間の基底は $\begin{pmatrix} -4 \\ 1 \end{pmatrix}$

$\lambda = -1$ に属する固有空間の基底は $\begin{pmatrix} 1 \\ -1 \end{pmatrix}$

$P = \begin{pmatrix} -4 & 1 \\ 1 & -1 \end{pmatrix}$ とすると、上の定理から対角化可能であり、$P^{-1}AP = \begin{pmatrix} 2 & 0 \\ 0 & -1 \end{pmatrix}$ である。

(2) $\cos\theta = \pm 1$ の時は対角行列である。

(3) 固有方程式は重解を持ち、固有値 $\lambda = 1$ の重複度は 2 である。固有空間の基底は $\begin{pmatrix} 1 \\ -1 \end{pmatrix}$ のみであるから、次元は 1 である。上の定理から対角化可能でない。

しかし固有ベクトルを含む $\mathbf{R}^2$ の基底、例えば $\begin{pmatrix} 1 \\ -1 \end{pmatrix}, \begin{pmatrix} 1 \\ 0 \end{pmatrix}$ を取り、$P = \begin{pmatrix} 1 & 1 \\ -1 & 0 \end{pmatrix}$ とすると、$P^{-1} = \begin{pmatrix} 0 & -1 \\ 1 & 1 \end{pmatrix}$ であり

$$P^{-1}AP = \begin{pmatrix} 0 & -1 \\ 1 & 1 \end{pmatrix} \begin{pmatrix} 3 & 2 \\ -2 & -1 \end{pmatrix} \begin{pmatrix} 1 & 1 \\ -1 & 0 \end{pmatrix} = \begin{pmatrix} 1 & 2 \\ 0 & 1 \end{pmatrix}$$

のように三角行列には出来る。

(3) 固有値 $\lambda = 2$ の重複度は 2 であり、固有空間の次元も 2 である。上の定理から対角化可能であるが、この行列はすでに対角行列である。

問題 5.2.3 問題 5.1.1 の行列で対角化可能なものがあれば対角化せよ。

例題 5.2.2 次の行列が対角化可能ならば対角化せよ.

(1) $A=\begin{pmatrix} -1 & -6 & 0 \\ 0 & -3 & 0 \\ 6 & 12 & 2 \end{pmatrix}$ (2) $A=\begin{pmatrix} 15 & 7 & 21 \\ -2 & 0 & -3 \\ -8 & -4 & -11 \end{pmatrix}$ (3) $A=\begin{pmatrix} -1 & 0 & -3 \\ 3 & 2 & 1 \\ 0 & 0 & 2 \end{pmatrix}$

(解答) (1) 固有方程式は、$|A-\lambda E|$ の 1 行に関する展開により、

$$\begin{vmatrix} -1-\lambda & -6 & 0 \\ 0 & -3-\lambda & 0 \\ 6 & 12 & 2-\lambda \end{vmatrix} = (-1-\lambda)(-3-\lambda)(2-\lambda)=0$$

よって、固有値は $\lambda=-1,2,-3$ である。重解は無いから、対角化可能である。

固有ベクトルを $\vec{v}=\begin{pmatrix} x \\ y \\ z \end{pmatrix}$ とする。

固有値 $\lambda=-1$ の場合、消去法により、$\left(\begin{array}{ccc|c} 0 & -6 & 0 & 0 \\ 0 & -2 & 0 & 0 \\ 6 & 12 & 3 & 0 \end{array}\right) \to \left(\begin{array}{ccc|c} 6 & 12 & 3 & 0 \\ 0 & -2 & 0 & 0 \\ 0 & -6 & 0 & 0 \end{array}\right) \to$

$$\left(\begin{array}{ccc|c} 1 & 2 & \frac{1}{2} & 0 \\ 0 & -2 & 0 & 0 \\ 0 & -6 & 0 & 0 \end{array}\right) \to \left(\begin{array}{ccc|c} 1 & 2 & \frac{1}{2} & 0 \\ 0 & 1 & 0 & 0 \\ 0 & -6 & 0 & 0 \end{array}\right) \to \left(\begin{array}{ccc|c} 1 & 0 & \frac{1}{2} & 0 \\ 0 & 1 & 0 & 0 \\ 0 & 0 & 0 & 0 \end{array}\right)$$

$$\begin{cases} x+\frac{1}{2}z & =0 \\ y & =0 \end{cases}, \quad \begin{cases} x & =-\frac{1}{2}z \\ y & =0 \end{cases}, \quad \vec{v}=\begin{pmatrix} x \\ y \\ z \end{pmatrix}=\begin{pmatrix} -\frac{1}{2}z \\ 0 \\ z \end{pmatrix}=z\begin{pmatrix} -\frac{1}{2} \\ 0 \\ 1 \end{pmatrix}$$

であり、固有空間の基底は $\begin{pmatrix} -\frac{1}{2} \\ 0 \\ 1 \end{pmatrix}$

固有値 $\lambda=2$ の場合は、$\left(\begin{array}{ccc|c} -3 & -6 & 0 & 0 \\ 0 & -5 & 0 & 0 \\ 6 & 12 & 0 & 0 \end{array}\right) \to \left(\begin{array}{ccc|c} 1 & 2 & 0 & 0 \\ 0 & -5 & 0 & 0 \\ 6 & 12 & 0 & 0 \end{array}\right) \to$

$$\left(\begin{array}{ccc|c} 1 & 2 & 0 & 0 \\ 0 & -5 & 0 & 0 \\ 0 & 0 & 0 & 0 \end{array}\right) \to \left(\begin{array}{ccc|c} 1 & 2 & 0 & 0 \\ 0 & 1 & 0 & 0 \\ 0 & 0 & 0 & 0 \end{array}\right) \to \left(\begin{array}{ccc|c} 1 & 0 & 0 & 0 \\ 0 & 1 & 0 & 0 \\ 0 & 0 & 0 & 0 \end{array}\right)$$

$$\begin{cases} x &= 0 \\ y &= 0 \end{cases}, \quad \vec{v} = \begin{pmatrix} x \\ y \\ z \end{pmatrix} = \begin{pmatrix} 0 \\ 0 \\ z \end{pmatrix} = z\begin{pmatrix} 0 \\ 0 \\ 1 \end{pmatrix}$$

であり、固有空間の基底は $\begin{pmatrix} 0 \\ 0 \\ 1 \end{pmatrix}$

固有値 $\lambda = -3$ の場合は、$\left(\begin{array}{ccc|c} 2 & -6 & 0 & 0 \\ 0 & 0 & 0 & 0 \\ 6 & 12 & 5 & 0 \end{array}\right) \to \left(\begin{array}{ccc|c} 1 & -3 & 0 & 0 \\ 0 & 0 & 0 & 0 \\ 6 & 12 & 5 & 0 \end{array}\right) \to$

$$\left(\begin{array}{ccc|c} 1 & -3 & 0 & 0 \\ 0 & 0 & 0 & 0 \\ 0 & 30 & 5 & 0 \end{array}\right) \to \left(\begin{array}{ccc|c} 1 & -3 & 0 & 0 \\ 0 & 1 & \frac{1}{6} & 0 \\ 0 & 0 & 0 & 0 \end{array}\right) \to \left(\begin{array}{ccc|c} 1 & 0 & \frac{1}{2} & 0 \\ 0 & 1 & \frac{1}{6} & 0 \\ 0 & 0 & 0 & 0 \end{array}\right)$$

$$\begin{cases} x + \frac{1}{2}z &= 0 \\ y + \frac{1}{6}z &= 0 \end{cases}, \quad \begin{cases} x &= -\frac{1}{2}z \\ y &= -\frac{1}{6}z \end{cases}, \quad \vec{v} = \begin{pmatrix} x \\ y \\ z \end{pmatrix} = \begin{pmatrix} -\frac{1}{2}z \\ -\frac{1}{6}z \\ z \end{pmatrix} = z\begin{pmatrix} -\frac{1}{2} \\ -\frac{1}{6} \\ 1 \end{pmatrix}$$

であり、固有空間の基底は $\begin{pmatrix} -\frac{1}{2} \\ -\frac{1}{6} \\ 1 \end{pmatrix}$

以上から、$P = \begin{pmatrix} -\frac{1}{2} & 0 & -\frac{1}{2} \\ 0 & 0 & -\frac{1}{6} \\ 1 & 1 & 1 \end{pmatrix}$ と置くと、$P^{-1}AP = \begin{pmatrix} -1 & 0 & 0 \\ 0 & 2 & 0 \\ 0 & 0 & -3 \end{pmatrix}$ と対角化される。

(2) 固有方程式は

$$\begin{vmatrix} 15-\lambda & 7 & 21 \\ -2 & -\lambda & -3 \\ -8 & -4 & -11-\lambda \end{vmatrix} = -\lambda^3 + 4\lambda^2 - 5\lambda + 2 = -(\lambda-1)^2(\lambda-2) = 0$$

よって、固有値は $\lambda = 1, 2$ である。固有ベクトルを $\begin{pmatrix} x \\ y \\ z \end{pmatrix}$ とする。

重複度 2 の固有値 $\lambda = 1$ の場合は、

$$\left(\begin{array}{ccc|c} 14 & 7 & 21 & 0 \\ -2 & -1 & -3 & 0 \\ -8 & -4 & -12 & 0 \end{array}\right) \to \left(\begin{array}{ccc|c} 1 & \frac{1}{2} & \frac{3}{2} & 0 \\ -2 & -1 & -3 & 0 \\ -8 & -4 & -12 & 0 \end{array}\right) \to \left(\begin{array}{ccc|c} 1 & \frac{1}{2} & \frac{3}{2} & 0 \\ 0 & 0 & 0 & 0 \\ 0 & 0 & 0 & 0 \end{array}\right),$$

$$x+\frac{1}{2}y+\frac{3}{2}z=0,\quad x=-\frac{1}{2}y-\frac{3}{2}z,$$

$$\vec{v}=\begin{pmatrix}x\\y\\z\end{pmatrix}=\begin{pmatrix}-\frac{1}{2}y-\frac{3}{2}z\\y\\z\end{pmatrix}=\begin{pmatrix}-\frac{1}{2}y\\y\\0\end{pmatrix}+\begin{pmatrix}-\frac{3}{2}z\\0\\z\end{pmatrix}=y\begin{pmatrix}-\frac{1}{2}\\1\\0\end{pmatrix}+z\begin{pmatrix}-\frac{3}{2}\\0\\1\end{pmatrix}$$

であり、固有空間の基底は $\begin{pmatrix}-\frac{1}{2}\\1\\0\end{pmatrix}$, $\begin{pmatrix}-\frac{3}{2}\\0\\1\end{pmatrix}$ になり、固有空間は 2 次元である。この場合は重複度と固有空間の次元は同じになる。

重複度 1 の固有値 $\lambda=2$ の場合は、

$$\left(\begin{array}{ccc|c}13&7&21&0\\-2&-2&-3&0\\-8&-4&-13&0\end{array}\right)\to\left(\begin{array}{ccc|c}-2&-2&-3&0\\13&7&21&0\\-8&-4&-13&0\end{array}\right)\to\left(\begin{array}{ccc|c}1&1&\frac{3}{2}&0\\13&7&21&0\\-8&-4&-13&0\end{array}\right)$$

$$\to\left(\begin{array}{ccc|c}1&1&\frac{3}{2}&0\\0&-6&\frac{3}{2}&0\\0&4&-1&0\end{array}\right)\to\left(\begin{array}{ccc|c}1&1&\frac{3}{2}&0\\0&1&-\frac{1}{4}&0\\0&4&-1&0\end{array}\right)\to\left(\begin{array}{ccc|c}1&0&\frac{7}{4}&0\\0&1&-\frac{1}{4}&0\\0&0&0&0\end{array}\right)$$

$$\begin{cases}x+\frac{7}{4}z&=0\\y-\frac{1}{4}z&=0\end{cases},\quad\begin{cases}x&=-\frac{7}{4}z\\y&=\frac{1}{4}z\end{cases},\quad\vec{v}=\begin{pmatrix}x\\y\\z\end{pmatrix}=\begin{pmatrix}-\frac{7}{4}z\\\frac{1}{4}z\\z\end{pmatrix}=z\begin{pmatrix}-\frac{7}{4}\\\frac{1}{4}\\1\end{pmatrix}$$

であり、固有空間の基底は $\begin{pmatrix}-\frac{7}{4}\\\frac{1}{4}\\1\end{pmatrix}$ になり、固有空間は 1 次元である。この場合は重複度と固有空間の次元は同じになる。

以上から固有空間の次元と重複度は全て同じになるから対角化可能で、
$P=\begin{pmatrix}-\frac{1}{2}&-\frac{3}{2}&-\frac{7}{4}\\1&0&\frac{1}{4}\\0&1&1\end{pmatrix}$ とすると、$P^{-1}AP=\begin{pmatrix}1&0&0\\0&1&0\\0&0&2\end{pmatrix}$.

(3) 固有方程式は

$$\begin{vmatrix}-1-\lambda&0&-3\\3&2-\lambda&1\\0&0&2-\lambda\end{vmatrix}=(-1-\lambda)(2-\lambda)^2=0$$

よって固有値は $\lambda=-1,2$ である。固有ベクトルを $\begin{pmatrix}x\\y\\z\end{pmatrix}$ とする。

重複度 1 の固有値 $\lambda=-1$ の場合は、

$$\left(\begin{array}{ccc|c} 0 & 0 & -3 & 0 \\ 3 & 3 & 1 & 0 \\ 0 & 0 & 3 & 0 \end{array}\right) \to \left(\begin{array}{ccc|c} 3 & 3 & 1 & 0 \\ 0 & 0 & -3 & 0 \\ 0 & 0 & 3 & 0 \end{array}\right) \to \left(\begin{array}{ccc|c} 1 & 1 & \frac{1}{3} & 0 \\ 0 & 0 & -1 & 0 \\ 0 & 0 & 1 & 0 \end{array}\right)$$

$$\to \left(\begin{array}{ccc|c} 1 & 1 & 0 & 0 \\ 0 & 0 & 1 & 0 \\ 0 & 0 & 0 & 0 \end{array}\right), \quad \begin{cases} x+y & = 0 \\ z & = 0 \end{cases}, \quad \begin{cases} x & = -y \\ z & = 0 \end{cases},$$

$$\vec{v} = \begin{pmatrix} x \\ y \\ z \end{pmatrix} = \begin{pmatrix} -y \\ y \\ 0 \end{pmatrix} = y \begin{pmatrix} -1 \\ 1 \\ 0 \end{pmatrix}$$

であり、固有空間の基底は $\begin{pmatrix} -1 \\ 1 \\ 0 \end{pmatrix}$ になり、固有空間は 1 次元である。この場合は重複度と固有空間の次元は同じになる。

重複度 2 の固有値 $\lambda=2$ の場合は、$\left(\begin{array}{ccc|c} -3 & 0 & -3 & 0 \\ 3 & 0 & 1 & 0 \\ 0 & 0 & 0 & 0 \end{array}\right) \to \left(\begin{array}{ccc|c} 1 & 0 & 1 & 0 \\ 3 & 0 & 1 & 0 \\ 0 & 0 & 0 & 0 \end{array}\right) \to$

$$\left(\begin{array}{ccc|c} 1 & 0 & 1 & 0 \\ 0 & 0 & -2 & 0 \\ 0 & 0 & 0 & 0 \end{array}\right) \to \left(\begin{array}{ccc|c} 1 & 0 & 1 & 0 \\ 0 & 0 & 1 & 0 \\ 0 & 0 & 0 & 0 \end{array}\right) \to \left(\begin{array}{ccc|c} 1 & 0 & 0 & 0 \\ 0 & 0 & 1 & 0 \\ 0 & 0 & 0 & 0 \end{array}\right)$$

$$\begin{cases} x & = 0 \\ z & = 0 \end{cases}, \quad \vec{v} = \begin{pmatrix} x \\ y \\ z \end{pmatrix} = \begin{pmatrix} 0 \\ y \\ 0 \end{pmatrix} = y \begin{pmatrix} 0 \\ 1 \\ 0 \end{pmatrix}$$

であり、固有空間の基底は $\begin{pmatrix} 0 \\ 1 \\ 0 \end{pmatrix}$ になり、固有空間は 1 次元である。この場合は重複度と固有空間の次元は違う。よって、対角化不可能。

注 ここでは、固有空間の基底を求めるのに消去法を使ったが、一般的には、連立方程式を以下のように解く方が簡単である。

別解　(1) 固有値 $\lambda=-1$ の場合は

$$\begin{pmatrix} 0 & -6 & 0 \\ 0 & -2 & 0 \\ 6 & 12 & 3 \end{pmatrix} \begin{pmatrix} x \\ y \\ z \end{pmatrix} = \begin{pmatrix} 0 \\ 0 \\ 0 \end{pmatrix}, \quad \begin{cases} -6y & = 0 \\ -2y & = 0 \\ 6x+12y+3z & = 0 \end{cases}, \quad \begin{cases} y & = 0 \\ z & = -2x \end{cases}$$

よって、固有ベクトルは $\begin{pmatrix} x \\ 0 \\ -2x \end{pmatrix} = x\begin{pmatrix} 1 \\ 0 \\ -2 \end{pmatrix}$ になり、固有空間の基底は $\begin{pmatrix} 1 \\ 0 \\ -2 \end{pmatrix}$ である。

固有値 $\lambda = 2$ の場合は

$$\begin{pmatrix} -3 & -6 & 0 \\ 0 & -5 & 0 \\ 6 & 12 & 0 \end{pmatrix}\begin{pmatrix} x \\ y \\ z \end{pmatrix} = \begin{pmatrix} 0 \\ 0 \\ 0 \end{pmatrix}, \quad \begin{cases} -3x - 6y & = 0 \\ -5y & = 0\,, \\ 6x + 12y & = 0 \end{cases} \quad \begin{cases} y & = 0 \\ x & = 0 \end{cases}$$

よって、固有ベクトルは $\begin{pmatrix} 0 \\ 0 \\ z \end{pmatrix} = z\begin{pmatrix} 0 \\ 0 \\ 1 \end{pmatrix}$ になり、固有空間の基底は $\begin{pmatrix} 0 \\ 0 \\ 1 \end{pmatrix}$ である。

固有値 $\lambda = -3$ の場合は

$$\begin{pmatrix} 2 & -6 & 0 \\ 0 & 0 & 0 \\ 6 & 12 & 5 \end{pmatrix}\begin{pmatrix} x \\ y \\ z \end{pmatrix} = \begin{pmatrix} 0 \\ 0 \\ 0 \end{pmatrix}, \quad \begin{cases} 2x - 6y & = 0 \\ 0 & = 0\,, \\ 6x + 12y + 5z & = 0 \end{cases} \quad \begin{cases} x & = 3y \\ z & = -6y \end{cases}$$

よって、固有ベクトルは $\begin{pmatrix} 3y \\ y \\ -6y \end{pmatrix} = y\begin{pmatrix} 3 \\ 1 \\ -6 \end{pmatrix}$ になり、固有空間の基底は $\begin{pmatrix} 3 \\ 1 \\ -6 \end{pmatrix}$ である。

以上から、$P = \begin{pmatrix} 1 & 0 & 3 \\ 0 & 0 & 1 \\ -2 & 1 & -6 \end{pmatrix}$ と置くと、$P^{-1}AP = \begin{pmatrix} -1 & 0 & 0 \\ 0 & 2 & 0 \\ 0 & 0 & -3 \end{pmatrix}$

(2) 重複度 2 の固有値 $\lambda = 1$ の場合は

$$\begin{pmatrix} 14 & 7 & 21 \\ -2 & -1 & -3 \\ -8 & -4 & -12 \end{pmatrix}\begin{pmatrix} x \\ y \\ z \end{pmatrix} = \begin{pmatrix} 0 \\ 0 \\ 0 \end{pmatrix}, \quad \begin{cases} 14x + 7y + 21z & = 0 \\ -2x - y - 3z & = 0\,, \\ -8x - 4y - 12z & = 0 \end{cases} \quad y = -2x - 3z$$

よって、固有ベクトルは $\begin{pmatrix} x \\ -2x - 3z \\ z \end{pmatrix} = x\begin{pmatrix} 1 \\ -2 \\ 0 \end{pmatrix} + z\begin{pmatrix} 0 \\ -3 \\ 1 \end{pmatrix}$ である。基底は $\begin{pmatrix} 1 \\ -2 \\ 0 \end{pmatrix}, \begin{pmatrix} 0 \\ -3 \\ 1 \end{pmatrix}$ である。

重複度 1 の固有値 $\lambda = 2$ の場合は

$$\begin{pmatrix} 13 & 7 & 21 \\ -2 & -2 & -3 \\ -8 & -4 & -13 \end{pmatrix} \begin{pmatrix} x \\ y \\ z \end{pmatrix} = \begin{pmatrix} 0 \\ 0 \\ 0 \end{pmatrix}, \quad \begin{cases} 13x + 7y + 21z &= 0 \\ -2x - 2y - 3z &= 0 \\ -8x - 4y - 13z &= 0 \end{cases}, \quad \begin{cases} x &= -\frac{7}{4}z \\ y &= \frac{1}{4}z \end{cases}$$

よって、固有ベクトルは $\begin{pmatrix} -\frac{7}{4}z \\ \frac{1}{4}z \\ z \end{pmatrix} = \dfrac{z}{4} \begin{pmatrix} -7 \\ 1 \\ 4 \end{pmatrix}$ になり、固有空間の基底は $\begin{pmatrix} -7 \\ 1 \\ 4 \end{pmatrix}$ である。

$P = \begin{pmatrix} 1 & 0 & -7 \\ -2 & -3 & 1 \\ 0 & 1 & 4 \end{pmatrix}$ とすると $P^{-1}AP = \begin{pmatrix} 1 & 0 & 0 \\ 0 & 1 & 0 \\ 0 & 0 & 2 \end{pmatrix}$

(3) 重複度 1 の固有値 $\lambda = -1$ の場合は

$$\begin{pmatrix} 0 & 0 & -3 \\ 3 & 3 & 1 \\ 0 & 0 & 3 \end{pmatrix} \begin{pmatrix} x \\ y \\ z \end{pmatrix} = \begin{pmatrix} 0 \\ 0 \\ 0 \end{pmatrix}, \quad \begin{cases} -3z &= 0 \\ 3x + 3y + z &= 0 \\ 3z &= 0 \end{cases}, \quad \begin{cases} z &= 0 \\ y &= -x \end{cases}$$

固有ベクトルは $\begin{pmatrix} x \\ -x \\ 0 \end{pmatrix} = x \begin{pmatrix} 1 \\ -1 \\ 0 \end{pmatrix}$ である。基底は $\begin{pmatrix} 1 \\ -1 \\ 0 \end{pmatrix}$ である。

重複度 2 の固有値 $\lambda = 2$ の場合は

$$\begin{pmatrix} -3 & 0 & -3 \\ 3 & 0 & 1 \\ 0 & 0 & 0 \end{pmatrix} \begin{pmatrix} x \\ y \\ z \end{pmatrix} = \begin{pmatrix} 0 \\ 0 \\ 0 \end{pmatrix}, \quad \begin{cases} -3x - 3z &= 0 \\ 3x + z &= 0 \end{cases}, \quad \begin{cases} z &= 0 \\ x &= 0 \end{cases}$$

よって、固有ベクトルは $\begin{pmatrix} 0 \\ y \\ 0 \end{pmatrix} = y \begin{pmatrix} 0 \\ 1 \\ 0 \end{pmatrix}$ になり、基底は $\begin{pmatrix} 0 \\ 1 \\ 0 \end{pmatrix}$ である。この場合は対角化不可能である。

レポート 7

次の行列が対角化可能ならば対角化せよ.

(1) $A = \begin{pmatrix} 3 & 1 & -2 \\ 2 & 4 & -4 \\ 2 & 1 & -1 \end{pmatrix}$ (2) $A = \begin{pmatrix} 2 & 1 & -2 \\ -1 & -1 & 1 \\ 1 & 1 & -1 \end{pmatrix}$ (3) $A = \begin{pmatrix} 2 & 1 & 0 \\ 0 & 1 & 0 \\ 3 & -2 & 1 \end{pmatrix}$

(4) $A=\begin{pmatrix}2&1&1\\1&2&-1\\1&-1&0\end{pmatrix}$　(5) $A=\begin{pmatrix}3&-2&1\\2&-1&1\\-2&2&0\end{pmatrix}$　(6) $A=\begin{pmatrix}5&-11&3\\2&0&3\\-2&7&0\end{pmatrix}$

テスト 13

問 (1)　行列 $A=\begin{pmatrix}3&-1&-1\\4&4&-7\\4&2&-5\end{pmatrix}$ の固有方程式は

$$\lambda^3-\boxed{A}\lambda^2-\lambda+2=0$$

よって、固有値は $\lambda=\pm1,\ \boxed{B}$

固有ベクトルを $\vec{v}=\begin{pmatrix}x\\y\\z\end{pmatrix}$ とする。

固有値 $\lambda=1$ に属する固有ベクトルは、$\begin{pmatrix}z\\z\\\boxed{C}z\end{pmatrix}$ であり、基底は $\begin{pmatrix}1\\1\\\boxed{C}\end{pmatrix}$

固有値 $\lambda=-1$ に属する固有ベクトルは $\begin{pmatrix}x\\2x\\\boxed{D}x\end{pmatrix}$ であり、基底は $\begin{pmatrix}1\\2\\\boxed{D}\end{pmatrix}$

固有値 $\lambda=\boxed{B}$ に属する固有ベクトルは $\begin{pmatrix}\boxed{E}y\\y\\2y\end{pmatrix}$ であり、基底は $\begin{pmatrix}\boxed{E}\\1\\2\end{pmatrix}$

以上から、$P=\begin{pmatrix}1&1&\boxed{F}\\1&2&1\\1&\boxed{G}&\boxed{H}\end{pmatrix}$ とすると $P^{-1}AP=\begin{pmatrix}1&0&0\\0&-1&0\\0&0&\boxed{I}\end{pmatrix}$

(2)　行列 $A=\begin{pmatrix}0&1&0\\-2&3&0\\-6&3&2\end{pmatrix}$ の固有方程式は

$$\lambda^3-5\lambda^2+\boxed{A}\lambda-4=0$$

よって、固有値は $\lambda=1,\ \boxed{B}$

固有ベクトルを $\vec{v} = \begin{pmatrix} x \\ y \\ z \end{pmatrix}$ とする。

固有値 $\lambda = 1$ に属する固有ベクトルは $\begin{pmatrix} x \\ x \\ \boxed{C}\,x \end{pmatrix}$ であり、基底は $\begin{pmatrix} 1 \\ 1 \\ \boxed{C} \end{pmatrix}$

固有値 $\lambda = \boxed{B}$ に属する固有ベクトルは $\begin{pmatrix} x \\ \boxed{D}\,x \\ z \end{pmatrix}$ であり、基底は $\begin{pmatrix} 1 \\ \boxed{E} \\ 0 \end{pmatrix}$, $\begin{pmatrix} 0 \\ 0 \\ 1 \end{pmatrix}$

以上から、$P = \begin{pmatrix} 1 & 1 & \boxed{F} \\ 1 & 2 & 0 \\ \boxed{G} & 0 & \boxed{H} \end{pmatrix}$ とすると $P^{-1}AP = \begin{pmatrix} \boxed{I} & 0 & 0 \\ 0 & 2 & 0 \\ 0 & 0 & \boxed{J} \end{pmatrix}$

5.3 固有値の応用

5.3.1 量子力学

物理学では、対象とする現象の状態を一組の数値で表す。例えば、力学なら、物体の位置を表す座標や時間、速度などである。そこで、その数値を並べた状態ベクトル $\vec{v}$ で状態を表現する。また、量子力学の基本的な考え方として、不確定性原理「観測するとその状態が変化して、確定しない」がある。そこで、ある物理量（速度、エネルギーなど）を測定しようとすると、測定前と測定後では状態ベクトルが $\vec{v}$ から $\vec{u}$ に変化する。その変化を線形写像 f とみなし、物理量を、測定による変化を表す行列 A_f で表す。

$$A : \vec{v} \to \vec{u} = A_f \vec{v}$$

このような考え方をした場合、実際に実験で得られる物理量の測定値は何かと言うと、それは A の固有値である。実験するとき、温度を一定にしたり、物体の位置や速度をあらかじめ都合のいいように設定する。これは、状態ベクトル $\vec{v}$ を都合よく選んでいることになる。この選択は、A の固有ベクトルを選んでいると解釈する。すると、実験により

$$A\vec{v} = \lambda\vec{v}$$

となり、固有値 λ がその物理量の観測値である。

例えば、実験によると、電子の取りえるエネルギーは連続に変化するのではなく、飛び飛びの値が観測される。これは、エネルギーを表現する行列の固有値が飛び飛びの値であることに対応する。実際に量子力学で計算される物理量は、しばしば固有値の計算により

得られる。

なお、ここでの考え方による量子力学は行列力学と呼ばれている。A の行列以外の解釈は微分作用素であり、その場合には固有値や固有ベクトルは微分方程式を解くことにより得られるが、その解釈による量子力学を波動力学という。また、経路積分による量子力学もあり、この 3 種類の量子力学は同等であることが知られている。

5.3.2　数列の一般項

漸化式

$$x_{n+2} = ax_{n+1} + bx_n \tag{5.3.1}$$

を満たす数列の一般項を求める。$S(a,b) = \{\{x_n\} \mid x_{n+2} = ax_{n+1} + bx_n\}$ で、この漸化式を満たす数列の集合を表す。その時､k 倍を $k\{x_n\} = \{kx_n\}$ で､和を $\{x_n\}+\{y_n\} = \{x_n + y_n\}$ で定義する。また、写像 $T: S(a,b) \to S(a,b)$ を $T(\{x_1, x_2, \cdots\}) = \{x_2, x_3, \cdots\})$ で定義する。

$$T(\{x_n\}) = \{y_n\}, \qquad y_n = x_{n+1}$$

これらが、線形空間および線形写像になるのは明らかである。

定理 5.3.1　$S(a,b)$ は線形空間であり、T は線形写像である。

$S(a,b)$ の要素である数列 $\{x_n\}$ は、x_1, x_2 が決まれば漸化式により全ての x_n が決まる。そこで、$x_1 = 1, x_2 = 0$ となる数列を e_1、$x_1 = 0, x_2 = 1$ となる数列を e_2 とする。$k_1e_1 + k_2e_2 = \{0\}$ は、初項 $k_1 = 0$、第 2 項 $k_2 = 0$ を意味する。それで、e_1, e_2 は一次独立である。また、この漸化式を満たす任意の数列は

$$\{x_n\} = x_1e_1 + x_2e_2 \tag{5.3.2}$$

と表されるから、e_1, e_2 は基底になる。

$$\begin{aligned} T(e_1) &= T(\{1, 0, b, \cdots\}) = \{0, b, \cdots\} = be_2 \\ T(e_2) &= T(\{0, 1, a, \cdots\}) = \{1, a, \cdots\} = e_1 + ae_2 \end{aligned}$$

であるから、表現行列は

$$A = \begin{pmatrix} 0 & 1 \\ b & a \end{pmatrix} \tag{5.3.3}$$

この行列の固有方程式は

$$\begin{vmatrix} -\lambda & 1 \\ b & a - \lambda \end{vmatrix} = \lambda^2 - a\lambda - b = 0$$

もし、判別式 $D = a^2 + 4b > 0$ ならば、固有値は二つある。固有値を $\lambda = \alpha, \beta$ とすると

$$\alpha = \frac{a + \sqrt{a^2 + 4b}}{2}, \quad \beta = \frac{a - \sqrt{a^2 + 4b}}{2} \tag{5.3.4}$$

固有ベクトルを $\begin{pmatrix} x \\ y \end{pmatrix}$ とする。

$\lambda = \alpha$ に属する固有ベクトルの条件は

$$\begin{pmatrix} 0 & 1 \\ b & a \end{pmatrix} \begin{pmatrix} x \\ y \end{pmatrix} = \alpha \begin{pmatrix} x \\ y \end{pmatrix}, \quad \begin{pmatrix} -\alpha & 1 \\ b & a - \alpha \end{pmatrix} \begin{pmatrix} x \\ y \end{pmatrix} = \begin{pmatrix} 0 \\ 0 \end{pmatrix}, \quad \begin{cases} -\alpha x + y & = 0 \\ bx + (a - \alpha)y & = 0 \end{cases}$$

解と係数の関係 $\alpha + \beta = a,\ \alpha\beta = -b$ より、

$$bx + (a - \alpha)y = -\alpha\beta x + \beta y = \beta(-\alpha x + y) = 0$$

となるから、この連立方程式は、ただ一つの式 $y - \alpha x = 0$ になり、$y = \alpha x$ である。よって、固有ベクトルは $\begin{pmatrix} x \\ \alpha x \end{pmatrix} = x \begin{pmatrix} 1 \\ \alpha \end{pmatrix}$ になる。固有空間の基底は

$$u = \begin{pmatrix} 1 \\ \alpha \end{pmatrix} = e_1 + \alpha e_2 = \{1, \alpha, \cdots\}$$

同様に、$\lambda = \beta$ の固有空間の基底は

$$v = \begin{pmatrix} 1 \\ \beta \end{pmatrix} = e_1 + \beta e_2 = \{1, \beta, \cdots\}$$

さて、漸化式を満たす数列 $\{x_n\} = x_1 e_1 + x_2 e_2$ が u, v により $ku + hv$ と表されるとすると、

$$x_1 e_1 + x_2 e_2 = ku + hv = k(e_1 + \alpha e_2) + h(e_1 + \beta e_2) = (k + h)e_1 + (\alpha k + \beta h)e_2$$

より、$k + h = x_1, \quad \alpha k + \beta h = x_2$ である。この連立方程式を解いて

$$k = \frac{x_2 - \beta x_1}{\alpha - \beta}, \quad h = -\frac{x_2 - \alpha x_1}{\alpha - \beta} \tag{5.3.5}$$

逆に、任意の数列 $\{x_n\} = x_1 e_1 + x_2 e_2$ に対し, 上のように k, h を取ると

$$ku + hv = (k + h)e_1 + (\alpha k + \beta h)e_2 = x_1 e_1 + x_2 e_2 = \{x_n\}$$

また

$$\begin{aligned} A^{n-1}(x_1 e_1 + x_2 e_2) &= A^{n-1}\{x_1, x_2, x_3, \cdots\} = A^{n-2}\{x_2, x_3, \cdots\} = \cdots \\ &= \{x_n, x_{n+1}, \cdots\} = x_n e_1 + x_{n+1} e_2 \end{aligned}$$

に注意すると、

$$\begin{aligned} x_n e_1 + x_{n+1} e_2 &= A^{n-1}(x_1 e_1 + x_2 e_2) = A^{n-1}(ku + hv) = kA^{n-1}u + hA^{n-1}v \\ &= k\alpha^{n-1}u + h\beta^{n-1}v = (k\alpha^{n-1} + h\beta^{n-1})e_1 + (k\alpha^n + h\beta^n)e_2 \end{aligned}$$

これから一般項は

$$x_n = k\alpha^{n-1} + h\beta^{n-1} = \frac{(x_2 - \beta x_1)\alpha^{n-1} - (x_2 - \alpha x_1)\beta^{n-1}}{\alpha - \beta} \tag{5.3.6}$$

例 5.3.1 $x_1 = 1, x_2 = 1$ で漸化式 $x_{n+2} = x_{n+1} + x_n$ を満たす数列は**フィボナッチの数列**と呼ばれる。

$$1,\ 1,\ 2,\ 3,\ 5,\ 8,\ 13,\ 21,\ 34,\ 55,\ 89,\ \cdots$$

この数列は、自然界によく現れることで、有名である。例えば、

(1) 花の花弁の枚数は　3枚、5枚、8枚、１３枚のものが多い。

(2) ひまわりの種の並びは螺旋状に２１個、３４個、５５個、８９個・・・となっている。

この数列は上で、

$$a = b = 1,\ x_1 = x_2 = 1$$

の場合であるから、固有方程式は

$$\lambda^2 - \lambda - 1 = 0$$

になり、固有値は

$$\alpha = \frac{1+\sqrt{5}}{2}, \quad \beta = \frac{1-\sqrt{5}}{2}$$

これから

$$\alpha - \beta = \sqrt{5}, \quad x_2 - \beta x_1 = 1 - \beta = \alpha, \quad x_2 - \alpha x_1 = 1 - \alpha = \beta$$

よって一般項は

$$x_n = \frac{\alpha^n - \beta^n}{\alpha - \beta} = \frac{1}{\sqrt{5}}\left(\frac{(1+\sqrt{5})^n - (1-\sqrt{5})^n}{2^n}\right)$$

（別解）この数列を使って、次のベクトルと行列を定義する。

$$\vec{v}_n = \begin{pmatrix} x_{n+1} \\ x_n \end{pmatrix}, \quad \vec{v}_{n+1} = \begin{pmatrix} x_{n+2} \\ x_{n+1} \end{pmatrix}, \quad A = \begin{pmatrix} 1 & 1 \\ 1 & 0 \end{pmatrix}$$

すると、

$$A\vec{v}_n = \begin{pmatrix} 1 & 1 \\ 1 & 0 \end{pmatrix}\begin{pmatrix} x_{n+1} \\ x_n \end{pmatrix} = \begin{pmatrix} x_{n+1} + x_n \\ x_{n+1} \end{pmatrix} = \begin{pmatrix} x_{n+2} \\ x_{n+1} \end{pmatrix} = \vec{v}_{n+1}$$

であるから、$\vec{v}_1 = \begin{pmatrix} 1 \\ 1 \end{pmatrix}$,　$\vec{v}_{n+1} = A\vec{v}_n$ となる。

一般項 $\vec{v}_n$ を求めるために、A を対角化する。固有方程式は、

$$\varphi_A(\lambda) = \begin{vmatrix} 1-\lambda & 1 \\ 1 & -\lambda \end{vmatrix} = \lambda^2 - \lambda - 1 = 0$$

これを解いて、固有値 $\lambda = \dfrac{1 \pm \sqrt{5}}{2}$ を得る。

$\alpha = \dfrac{1+\sqrt{5}}{2}, \beta = \dfrac{1-\sqrt{5}}{2}$ と置くと、

(1) $\alpha + \beta = 1, \alpha\beta = -1$ よって $1 - \beta = \alpha,\ -1 + \alpha = -\beta$

(2) $\alpha - \beta = \sqrt{5}$

さて、固有ベクトル $\vec{v} = \begin{pmatrix} x \\ y \end{pmatrix}$ を求める。

$\lambda = \alpha$ の場合、$\begin{pmatrix} 1-\alpha & 1 \\ 1 & -\alpha \end{pmatrix} \begin{pmatrix} x \\ y \end{pmatrix} = \vec{0}$,　$\begin{cases} (1-\alpha)x + y & = 0 \\ x - \alpha y & = 0 \end{cases}$,　$x = \alpha y$ である。

よって、固有ベクトルは $\vec{v} = \begin{pmatrix} x \\ y \end{pmatrix} = \begin{pmatrix} \alpha y \\ y \end{pmatrix} = y \begin{pmatrix} \alpha \\ 1 \end{pmatrix}$ である。

注 $(1-\alpha)x + y = 0$ は (1) から、$\beta x + y = 0$ であり、両辺に $-\alpha$ を掛ければ、(1) より $x - \alpha y = 0$)

$\lambda = \beta$ の場合、上の計算で α を β に置き換えて、固有ベクトルは $\vec{v} = y \begin{pmatrix} \beta \\ 1 \end{pmatrix}$ である。

以上から $P = \begin{pmatrix} \alpha & \beta \\ 1 & 1 \end{pmatrix}$ とすれば、$P^{-1}AP = \begin{pmatrix} \alpha & 0 \\ 0 & \beta \end{pmatrix}$ であるから、

(3) $A = P \begin{pmatrix} \alpha & 0 \\ 0 & \beta \end{pmatrix} P^{-1}$

また、

(4) $|P| = \alpha - \beta = \sqrt{5}$ であり、$P^{-1} = \frac{1}{\sqrt{5}} \begin{pmatrix} 1 & -\beta \\ -1 & \alpha \end{pmatrix}$

以上と (1) から

$$\vec{v}_n = A\vec{v}_{n-1} = \cdots = A^{n-1}\vec{v}_1$$

$$\begin{aligned} A^n &= \left(P \begin{pmatrix} \alpha & 0 \\ 0 & \beta \end{pmatrix} P^{-1} \right)^n = P \begin{pmatrix} \alpha & 0 \\ 0 & \beta \end{pmatrix} P^{-1} P \begin{pmatrix} \alpha & 0 \\ 0 & \beta \end{pmatrix} P^{-1} \cdots P \begin{pmatrix} \alpha & 0 \\ 0 & \beta \end{pmatrix} \\ &= P \begin{pmatrix} \alpha & 0 \\ 0 & \beta \end{pmatrix}^n P^{-1} = P \begin{pmatrix} \alpha^n & 0 \\ 0 & \beta^n \end{pmatrix} P^{-1} \end{aligned}$$

また、(1) から、

$$P^{-1}\vec{v}_1 = \frac{1}{\sqrt{5}}\begin{pmatrix}1 & -\beta\\ -1 & \alpha\end{pmatrix}\begin{pmatrix}1\\1\end{pmatrix} = \frac{1}{\sqrt{5}}\begin{pmatrix}1-\beta\\ -1+\alpha\end{pmatrix} = \frac{1}{\sqrt{5}}\begin{pmatrix}\alpha\\ -\beta\end{pmatrix}$$

であるから、

$$\begin{aligned}\begin{pmatrix}x_{n+1}\\ x_n\end{pmatrix} &= \vec{v}_n = A^{n-1}\vec{v}_1 = P\begin{pmatrix}\alpha^{n-1} & 0\\ 0 & \beta^{n-1}\end{pmatrix}P^{-1}\vec{v}_1\\ &= \begin{pmatrix}\alpha & \beta\\ 1 & 1\end{pmatrix}\begin{pmatrix}\alpha^{n-1} & 0\\ 0 & \beta^{n-1}\end{pmatrix}\frac{1}{\sqrt{5}}\begin{pmatrix}\alpha\\ -\beta\end{pmatrix}\\ &= \frac{1}{\sqrt{5}}\begin{pmatrix}\alpha & \beta\\ 1 & 1\end{pmatrix}\begin{pmatrix}\alpha^n\\ -\beta^n\end{pmatrix}\\ &= \frac{1}{\sqrt{5}}\begin{pmatrix}\alpha^{n+1}-\beta^{n+1}\\ \alpha^n-\beta^n\end{pmatrix}\end{aligned}$$

よって、

$$x_n = \frac{1}{\sqrt{5}}(\alpha^n-\beta^n) = \frac{1}{\sqrt{5}}\left\{\left(\frac{1+\sqrt{5}}{2}\right)^n - \left(\frac{1-\sqrt{5}}{2}\right)^n\right\}$$

注 フィボナッチの数列のような単純な漸化式から、このような複雑な一般項が導かれる事は驚異である。また、この二つの解法は本質的に同じである。

5.3.3 連立線形微分方程式

次のような形の微分方程式はさまざまな場面で現れる。

$$\begin{cases}\frac{df}{dx} &= 7f-5g\\ \frac{dg}{dx} &= 10f-8g\end{cases}$$

この方程式を解くにも固有値を利用する。$\vec{f} = \begin{pmatrix}f\\ g\end{pmatrix}$, $A = \begin{pmatrix}7 & -5\\ 10 & -8\end{pmatrix}$ とすると、方程式は $\vec{f'} = A\vec{f}$ である。

A の固有方程式は

$$\begin{vmatrix}7-\lambda & -5\\ 10 & -8-\lambda\end{vmatrix} = (7-\lambda)(-8-\lambda)+50 = \lambda^2+\lambda-6 = (\lambda-2)(\lambda+3) = 0$$

よって、固有値は $\lambda = 2, -3$ である。固有ベクトルを $\vec{v} = \begin{pmatrix}x\\ y\end{pmatrix}$ とする。

$\lambda = 2$ のとき

$\begin{pmatrix}5 & -5\\ 10 & -10\end{pmatrix}\vec{v} = \vec{0}$ より、$x = y$ である。よって、$\vec{v} = \begin{pmatrix}x\\ y\end{pmatrix} = \begin{pmatrix}x\\ x\end{pmatrix} = x\begin{pmatrix}1\\ 1\end{pmatrix}$

$\lambda = -3$ のとき
$\begin{pmatrix} 10 & -5 \\ 10 & -5 \end{pmatrix} \vec{v} = \vec{0}$ より、$y = 2x$ である。よって、$\vec{v} = \begin{pmatrix} x \\ y \end{pmatrix} = \begin{pmatrix} x \\ 2x \end{pmatrix} = x \begin{pmatrix} 1 \\ 2 \end{pmatrix}$

$P = \begin{pmatrix} 1 & 1 \\ 1 & 2 \end{pmatrix}$ とすると、$P^{-1} = \begin{pmatrix} 2 & -1 \\ -1 & 1 \end{pmatrix}$

$P^{-1}AP = \begin{pmatrix} 2 & 0 \\ 0 & -3 \end{pmatrix}$ であるから、$A = P \begin{pmatrix} 2 & 0 \\ 0 & -3 \end{pmatrix} P^{-1}$

このとき、微分方程式は $\vec{f}' = A\vec{f} = P \begin{pmatrix} 2 & 0 \\ 0 & -3 \end{pmatrix} P^{-1}\vec{f}$

よって、$\left(P^{-1}\vec{f}\right)' = \begin{pmatrix} 2 & 0 \\ 0 & -3 \end{pmatrix} P^{-1}\vec{f}$

そこで、$\vec{F} = \begin{pmatrix} F \\ G \end{pmatrix}$ を $\vec{F} = P^{-1}\vec{f}$ とすると、$\vec{F}' = \begin{pmatrix} 2 & 0 \\ 0 & -3 \end{pmatrix} \vec{F}$ であるから、

$$\begin{pmatrix} F' \\ G' \end{pmatrix} = \vec{F}' = \begin{pmatrix} 2 & 0 \\ 0 & -3 \end{pmatrix} \vec{F} = \begin{pmatrix} 2F \\ -3G \end{pmatrix}$$

これは、二つの変数分離形微分方程式である。F を求めると

$$\frac{dF}{dx} = 2F, \ \int \frac{1}{F} dF = \int 2dx, \ \log|F| = 2x + C, \ F(x) = \pm e^C e^{2x} = Ae^{2x}$$

G も同様に求めて、$F(x) = Ae^{2x}, \quad G(x) = Be^{-3x}$
さらに、$\vec{F} = P^{-1}\vec{f}$ より、

$$\begin{pmatrix} f \\ g \end{pmatrix} = \vec{f} = P\vec{F} = \begin{pmatrix} 1 & 1 \\ 1 & 2 \end{pmatrix} \begin{pmatrix} Ae^{2x} \\ Be^{-3x} \end{pmatrix} = \begin{pmatrix} Ae^{2x} + Be^{-3x} \\ Ae^{2x} + 2Be^{-3x} \end{pmatrix}$$

テスト 14

問 1. 行列 $A = \begin{pmatrix} 1 & 6 \\ 1 & 0 \end{pmatrix}$ の固有方程式は $\lambda^2 - \lambda - \boxed{A} = 0$

よって、固有値は $\lambda = \boxed{B}, -\boxed{C}$

固有ベクトルを、$\vec{v} = \begin{pmatrix} x \\ y \end{pmatrix}$ とする。

固有値 $\lambda = \boxed{B}$ に属する固有ベクトルは $\begin{pmatrix} \boxed{D}\,y \\ y \end{pmatrix}$ であり、基底は $\begin{pmatrix} \boxed{D} \\ 1 \end{pmatrix}$

固有値 $\lambda = -\boxed{C}$ に属する固有ベクトルは $\begin{pmatrix} -\boxed{E}\,y \\ y \end{pmatrix}$ であり、基底は $\begin{pmatrix} -\boxed{E} \\ 1 \end{pmatrix}$

以上から、$P = \begin{pmatrix} \boxed{D} & -\boxed{E} \\ 1 & 1 \end{pmatrix}$ とすると $P^{-1}AP = \begin{pmatrix} \boxed{B} & 0 \\ 0 & -\boxed{C} \end{pmatrix}$

問 2. 数列 $\{x_n\}$ は、$x_1 = 2, x_2 = 1$ で、漸化式 $x_{n+2} = x_{n+1} + 6x_n$ を満たすとする。

$\vec{v}_n = \begin{pmatrix} x_{n+1} \\ x_n \end{pmatrix}$ とすると、問 1 の行列 A, P により、$\vec{v}_{n+1} = A\vec{v}_n$

また、$\vec{v}_1 = \begin{pmatrix} 2 \\ 1 \end{pmatrix}$ であり、P^{-1} は問 1 の P から求まる。

$$\vec{v}_n = A^{n-1}\vec{v}_1 = P\begin{pmatrix} \boxed{A}^{n-1} & 0 \\ 0 & (-\boxed{B})^{n-1} \end{pmatrix} P^{-1}\vec{v}_1 = \begin{pmatrix} \boxed{C}^{n} + (-\boxed{D})^{n} \\ \boxed{C}^{n-1} + (-\boxed{D})^{n-1} \end{pmatrix}$$

以上から、一般項は、$x_n = \boxed{C}^{n-1} + (-\boxed{D})^{n-1}$

問 3. 連立微分方程式 $\begin{cases} f'(x) &= f(x) + 6g(x) \\ g'(x) &= f(x) \end{cases}$ に対して、

$\vec{f} = \begin{pmatrix} f(x) \\ g(x) \end{pmatrix}$ と置くと、問 1 の行列 A, P により、

$$\vec{f}' = A\vec{f} = P\begin{pmatrix} \boxed{A} & 0 \\ 0 & -\boxed{B} \end{pmatrix} P^{-1}\vec{f}, \qquad P^{-1}\vec{f}' = \begin{pmatrix} \boxed{A} & 0 \\ 0 & -\boxed{B} \end{pmatrix} P^{-1}\vec{f}$$

そこで、$\vec{F} = P^{-1}\vec{f} = \begin{pmatrix} F(x) \\ G(x) \end{pmatrix}$ とすると、

$$\vec{F}' = \begin{pmatrix} \boxed{A} & 0 \\ 0 & -\boxed{B} \end{pmatrix}\vec{F}, \qquad \begin{cases} F'(x) &= \boxed{A}\,F(x) \\ G'(x) &= -\boxed{B}\,G(x) \end{cases}$$

最後の微分方程式を解いて、$F(x) = Ae^{\boxed{C}\,x}$, $G(x) = Be^{-\boxed{D}\,x}$ だから、

$$\vec{f} = P\vec{F}, \qquad \begin{cases} f(x) &= \boxed{E}\,Ae^{\boxed{C}\,x} - \boxed{F}\,Be^{\boxed{D}\,x} \\ g(x) &= Ae^{\boxed{C}\,x} + Be^{\boxed{D}\,x} \end{cases}$$

第 6 章

計量線形空間

6.1　内積

6.1.1　内積の定義

数ベクトル $\vec{a} = \begin{pmatrix} a_1 \\ a_2 \\ \vdots \\ a_n \end{pmatrix}$, $\vec{b} = \begin{pmatrix} b_1 \\ b_2 \\ \vdots \\ b_n \end{pmatrix}$ に対して、内積 $(\vec{a}, \vec{b}) = \sum_{i=1}^{n} a_i b_i$ が定義され、定理 1.1.4 の性質（線形性）が成り立つ。内積から、数ベクトルの大きさ $|\vec{a}|^2 = (\vec{a}, \vec{a})$ や角 $\cos\theta = \dfrac{(\vec{a}, \vec{b})}{|\vec{a}||\vec{b}|}$ が導かれる。この章では、内積の概念を一般の線形空間に拡張する。

注 複素数が成分の数ベクトルに、内積を導入する。その時、$(\vec{a}, \vec{a})$ はベクトルの大きさの 2 乗を表したい。実数の場合と同じ定義ならば、$(\vec{a}, \vec{a})$ が負になりえるので、適当でない。複素数 $z = a + b\sqrt{-1}$ の大きさは、共役 $\bar{z} = a - b\sqrt{-1}$ を使って、$z\bar{z} = (a + b\sqrt{-1})(a - b\sqrt{-1}) = a^2 + b^2 = |z|^2$ である。そこで、複素ベクトルの内積を次のように定義する。

(6.1.1)
$$(\vec{a}, \vec{b}) = \sum_{i=1}^{n} a_i \bar{b}_i$$

この時、次の性質が成り立つ。

(6.1.2)
$$(\vec{a}, \vec{b}) = \overline{(\vec{b}, \vec{a})}$$

(6.1.3)
$$(k\vec{a}, \vec{b}) = k(\vec{a}, \vec{b})$$

(6.1.4)
$$(\vec{a} + \vec{b}, \vec{c}) = (\vec{a}, \vec{c}) + (\vec{b}, \vec{c})$$

(6.1.5)
$$(\vec{a}, \vec{a}) \geq 0$$

特に $(\vec{a}, \vec{a}) = 0$ となるのは $\vec{a} = \vec{0}$ の時のみである。

問題 6.1.1　(1) 上の内積の性質を確認せよ。
(2) $(\vec{a}, h\vec{b} + k\vec{c}) = \bar{h}(\vec{a}, \vec{b}) + \bar{k}(\vec{a}, \vec{c})$ を示せ.

一般の実線形空間に内積を定義する。

定義 6.1.1　V を実数上の線形空間とする。V の要素 a, b に対し、実数値 (a, b) が定まり、次の性質を持つ時、(a, b) を**内積**と呼び、V を**計量線形空間**と呼ぶ。

$$(a, b) = (b, a) \tag{6.1.6}$$

$$(ka, b) = k(a, b) \tag{6.1.7}$$

$$(a + b, c) = (a, c) + (b, c) \tag{6.1.8}$$

$$(a, a) \geq 0 \tag{6.1.9}$$

特に $(a, a) = 0$ となるのは $a = o$ の時のみである。

計量線形空間の各ベクトル a の**長さ** $|a|$ は $|a| = \sqrt{(a, a)}$ により定義される。また、$(a, b) = 0$ の時、a と b は**直交**していると言い、$a \perp b$ と表す。

6.1.2　シュワルツの不等式

内積が定義されると、次の応用範囲が広い不等式が得られる。

定理 6.1.1　(1) シュワルツの不等式　　$|(a, b)| \leq |a||b|$
(2) 三角不等式　　$|a + b| \leq |a| + |b|$

（証明）(1) k, h を定数とし、$c = ka + hb$ とする。$(c, c) \geq 0$ であり、$(ka + hb, c) = (ka, c) + (hb, c) = k(a, c) + h(b, c)$ だから、

$$\begin{aligned} 0 &\leq (c, c) = (ka + hb, c) = k(a, ka + hb) + h(b, ka + hb) \\ &= k^2(a, a) + kh(a, b) + hk(b, a) + h^2(b, b) = k^2(a, a) + 2kh(a, b) + h^2(b, b) \end{aligned}$$

この不等式で特に $k = (b, b), h = -(a, b)$ とする。$k = (b, b) \geq 0$ であるから、

$$\begin{aligned} 0 &\leq (b, b)^2(a, a) - 2(b, b)(a, b)(a, b) + (a, b)^2(b, b) \\ &= (b, b)^2(a, a) - (b, b)|(a, b)|^2 \end{aligned}$$

よって、$(b, b) > 0$ ならば

$$|(a, b)|^2 \leq (b, b)(a, a) = |a|^2|b|^2$$

$(b, b) = 0$ ならば、$b = o$ であるから、この不等式の両辺は 0 になり、この場合も不等式は成り立つ。

(2) 上の不等式より得られる不等式 $|(a,b)| = |(b,a)| \leq |a||b|$ を使うと

$$\begin{aligned}|a+b|^2 &= |(a+b, a+b)| = |(a,a)+(a,b)+(b,a)+(b,b)| \\ &\leq |a|^2 + 2|(a,b)| + |b|^2 \leq |a|^2 + 2|a||b| + |b|^2 = (|a|+|b|)^2\end{aligned}$$

以上から不等式が得られた。 □

例 6.1.1 (1) 数ベクトル空間 $\mathbf{R}^n$ の通常の内積を**標準内積**と言う。この場合、上の定理 6.1.1 (1) のシュワルツの不等式は、両辺を 2 乗して次の不等式になる。

$$\left|\sum_{i=1}^{n} a_i b_i\right|^2 \leq \left(\sum_{i=1}^{n} a_i^2\right)\left(\sum_{i=1}^{n} b_i^2\right)$$

この場合の、定理 6.1.1 (2) は、通常の三角不等式である。

(2) 区間 $[a,b]$ 上の連続関数のなす線形空間 $C^0([a,b])$ に、内積 (f,g) を

$$(f,g) = \int_a^b f(x)g(x)\,dx$$

により定義すると、上で定義した意味の内積になる。この時、シュワルツの不等式と三角不等式は次の不等式になる。これらは応用範囲の広い重要な不等式である。

$$\left|\int_a^b f(x)g(x)\,dx\right|^2 \leq \int_a^b |f(x)|^2\,dx \int_a^b |g(x)|^2\,dx \tag{6.1.10}$$

$$\sqrt{\int_a^b |f(x)+g(x)|^2\,dx} \leq \sqrt{\int_a^b |f(x)|^2\,dx} + \sqrt{\int_a^b |g(x)|^2\,dx} \tag{6.1.11}$$

問題 6.1.2 (f,g) が内積になる事を示せ。

6.2 正規直交基底

6.2.1 正規直交系

計量線形空間 V のベクトルの組 $v_1, v_2, \cdots, v_n$ が次の条件を満たす時、**正規直交系**と言う。

$$(v_i, v_j) = \begin{cases} 1 & (i = j) \\ 0 & (i \neq j) \end{cases} \tag{6.2.1}$$

特に、正規直交系になる基底を**正規直交基底**と言う。正規直交基底は標準基底のように扱える。次の定理は、内積 (a, v_i) を取る事で容易に得られる。

定理 6.2.1　$v_1, v_2, \cdots, v_n$ を正規直交系とする。

(1) a_i を実数として、$a = \sum_{i=1}^{n} a_i v_i$ ならば $a_i = (a, v_i)$ である。すなわち $a = \sum_{i=1}^{n} (a, v_i) v_i$ となる。

(2) $v_1, v_2, \cdots, v_n$ は一次独立である。

(3) $a = \sum_{i=1}^{n} a_i v_i, \quad b = \sum_{i=1}^{n} b_i v_i$ ならば $(a, b) = \sum_{i=1}^{n} a_i b_i$

問題 6.2.1　上の定理を示せ。

例 6.2.1　(1) 三角関数の加法定理 $\begin{cases} \sin(\alpha+\beta) &= \sin\alpha\cos\beta + \cos\alpha\sin\beta \\ \sin(\alpha-\beta) &= \sin\alpha\cos\beta - \cos\alpha\sin\beta \\ \cos(\alpha+\beta) &= \cos\alpha\cos\beta - \sin\alpha\sin\beta \\ \cos(\alpha-\beta) &= \cos\alpha\cos\beta + \sin\alpha\sin\beta \end{cases}$ から、

次の積和公式を得る。$\begin{cases} \sin\alpha\cos\beta &= \frac{1}{2}\{\sin(\alpha+\beta) + \sin(\alpha-\beta)\} \\ \cos\alpha\cos\beta &= \frac{1}{2}\{\cos(\alpha+\beta) + \cos(\alpha-\beta)\} \\ \sin\alpha\sin\beta &= \frac{1}{2}\{\cos(\alpha-\beta) - \cos(\alpha+\beta)\} \end{cases}$

また、加法定理から、次の半角の公式を得る。

$$\cos^2 x = \frac{1}{2} + \frac{1}{2}\cos 2x, \qquad \sin^2 x = \frac{1}{2} - \frac{1}{2}\sin 2x$$

(2) 例 6.1.1 (2) で $a = \pi, b = -\pi$ とし、$n \neq 0$ の時、

$$f_0(x) = \frac{1}{\sqrt{2\pi}}, \quad f_n(x) = \frac{1}{\sqrt{\pi}}\cos nx, \quad g_n(x) = \frac{1}{\sqrt{\pi}}\sin nx$$

と置く。この時、この関数の組は正規直交系である。実際に、(1) の公式を使って積分を計算すると

$$(f_n, f_m) = \begin{cases} 1 & (n = m) \\ 0 & (n \neq m) \end{cases}, \quad (f_n, g_m) = 0, \quad (g_n, g_m) = \begin{cases} 1 & (n = m) \\ 0 & (n \neq m) \end{cases} \tag{6.2.2}$$

(3) 次の級数は**フーリエ級数**と呼ばれ、偏微分方程式を解くなどに使われる。また、この級数が収束する点の集合についの研究から、カントールは集合論を創始した。

$$f(x) = \frac{a_0}{2} + \sum_{n=1}^{\infty} (a_n \cos nx + b_n \sin nx)$$

さて、$f(x) = \sqrt{\frac{\pi}{2}} a_0 f_0(x) + \sum_{n=1}^{\infty} (\sqrt{\pi} a_n f_n(x) + \sqrt{\pi} b_n g_n(x))$ であるから、上の定理より、

$$\sqrt{\frac{\pi}{2}} a_0 = (f, f_0) = \frac{1}{\sqrt{2\pi}} \int_{-\pi}^{\pi} f(x)\, dx$$
$$\sqrt{\pi} a_n = (f, f_n) = \frac{1}{\sqrt{\pi}} \int_{-\pi}^{\pi} f(x) \cos nx\, dx$$
$$\sqrt{\pi} b_n = (f, g_n) = \frac{1}{\sqrt{\pi}} \int_{-\pi}^{\pi} f(x) \sin nx\, dx$$

これは係数 a_n, b_n が次の積分で表される事を意味する。

$$a_0 = \frac{1}{\pi} \int_{-\pi}^{\pi} f(x)\, dx, \quad a_n = \frac{1}{\pi} \int_{-\pi}^{\pi} f(x) \cos nx\, dx, \quad b_n = \frac{1}{\pi} \int_{-\pi}^{\pi} f(x) \sin nx\, dx$$

これらを $f(x)$ の**フーリエ係数**と言う。

問題 6.2.2 (6.2.2) を示せ。

6.2.2 基底の正規直交化

計量線形空間 V の基底 $a_1, a_2, \cdots, a_n$ から、正規直交基底 $b_1, b_2, \cdots, b_n$ で各 i について、

$$\langle b_1, b_2, \cdots, b_i \rangle = \langle a_1, a_2, \cdots, a_i \rangle \quad (i = 1, 2, \cdots, n)$$

となるものを、次のようにして作る。

最初は、$b_1 = \frac{1}{|a_1|} a_1 \in \langle a_1 \rangle$ とする。明らかに、$(b_1, b_1) = |b_1|^2 = \frac{1}{|a_1|^2} |a_1|^2 = 1$ であり、$\langle b_1 \rangle = \langle a_1 \rangle$ である。

次に、$a'_2 = a_2 - (a_2, b_1) b_1 \in \langle a_1, a_2 \rangle$ とすると、

$$(a'_2, b_1) = (a_2, b_1) - (a_2, b_1)(b_1, b_1) = (a_2, b_1) - (a_2, b_1) = 0$$

だから、a'_2 は b_1 と直交する。そこで、$b_2 = \frac{1}{|a'_2|} a'_2 \in \langle a_1, a_2 \rangle$ と置くと、$|b_2| = 1$ であり、b_1, b_2 は正規直交系である。さらに、$\langle b_1, b_2 \rangle = \langle a_1, a_2 \rangle$ である。

同様に、$a'_3 = a_3 - (a_3, b_1) b_1 - (a_3, b_2) b_2 \in \langle a_1, a_2, a_3 \rangle$ と置くと、

$$(a'_3, b_1) = (a_3, b_1) - (a_3, b_1)(b_1, b_1) - (a_3, b_2)(b_2, b_1) = (a_3, b_1) - (a_3, b_1) 1 = 0$$
$$(a'_3, b_2) = (a_3, b_2) - (a_3, b_1)(b_1, b_2) - (a_3, b_2)(b_2, b_2) = (a_3, b_2) - (a_3, b_2) 1 = 0$$

そこで、$b_3 = \frac{1}{|a'_3|} a'_3 \in \langle a_1, a_2, a_3 \rangle$ とすると、b_1, b_2, b_3 は正規直交系である。その上、$\langle b_1, b_2, b_3 \rangle = \langle a_1, a_2, a_3 \rangle$ である。

これを繰り返して、正規直交系 $\{b_1, b_2, \cdots, b_i\}$ で $\langle b_1, b_2, \cdots, b_j\rangle = \langle a_1, a_2, \cdots, a_j\rangle$ $(j = 1, 2 \cdots, i)$ となる物が取れたとする。a'_{i+1} を次のように定義する。

$$a'_{i+1} = a_{i+1} - \sum_{j=1}^{i}(a_{i+1}, b_j)b_j \in \langle a_1, a_2, \cdots, a_{i+1}\rangle$$

この時、

$$(a'_{i+1}, b_k) = (a_{i+1}, b_k) - \sum_{j=1}^{i}(a_{i+1}, b_j)(b_j, b_k) = (a_{i+1}, b_k) - (a_{i+1}, b_k) = 0$$

そこで、$b_{i+1} = \dfrac{1}{|a'_{i+1}|}a'_{i+1} \in \langle a_1, a_2, \cdots, a_{i+1}\rangle$ とすれば、$b_1, b_2, \cdots, b_{i+1}$ は正規直交系になる。しかも、$\langle b_1, b_2, \cdots .b_i, b_{i+1}\rangle = \langle a_1, a_2, \cdots .a_i, a_{i+1}\rangle$ である。よって、この過程を繰り返す事で、正規直交基底で、$\langle b_1, b_2, \cdots b_i\rangle = \langle a_1, a_2, \cdots, a_i\rangle$ $(i = 1, 2, \cdots, n)$ となるものが得られる。これを**グラム・シュミットの正規直交化**と言う。

6.2.3　直交補空間

V を計量線形空間とし、$U \subset V$ を部分線形空間とする。U の**直交補空間**を次のように定義する.

$$U^{\perp} = \{v | \forall u \in U; (u, v) = 0\} \tag{6.2.3}$$

定理 6.2.2　$U^{\perp}$ は部分線形空間になり、$U \cap U^{\perp} = \{o\}$

（証明）$v \in U^{\perp}$ ならば、$\forall u \in U$ に対して、$(u, kv) = k(u, v) = 0$ より $kv \in U^{\perp}$ である。$v, v' \in U^{\perp}$ ならば、$\forall u \in U$ に対して、$(u, v + v') = (u, v) + (u, v') = 0$ より $v + v' \in U^{\perp}$ である。以上から、$U^{\perp}$ は線形空間である。
$v \in U \cap U^{\perp}$ ならば、定義から、$|v|^2 = (v, v) = 0$ になり、$v = o$ である。　□

U の正規直交基底を $a_1, a_2, \cdots, a_m$ とする。V の任意のベクトル v に対し、次のように u, $u^{\perp}$ を定義する。

$$u = \sum_{j=1}^{m}(v, a_j)a_j \in U, \quad u^{\perp} = v - u$$

すると、

$$(u^{\perp}, a_i) = (v - u, a_i) = (v, a_i) - \left(\sum_{j=1}^{m}(v, a_j)a_j, a_i\right) = (v, a_i) - (v, a_i) = 0$$

となるから、$u^\perp \in U^\perp$ である。この $u, u^\perp$ をそれぞれ $U, U^\perp$ への v の**正射影**と言う。$v = u + u^\perp$ であるから、次の定理を得る。

定理 6.2.3 U が有限次元ならば、$V = U \oplus U^\perp$ である。

U の必ずしも正規直交系とは限らない基底を $a_1, a_2, \cdots, a_m$ とする。定理 4.2.6 (2) から、ベクトル $a_{m+1}, \cdots, a_n$ があって、$a_1, a_2, \cdots, a_n$ が V の基底になる。その時、前節のグラム・シュミットの正規化により、正規直交基底 $b_1, b_2, \cdots b_n$ を得る。取り方から、次の定理を得る。

定理 6.2.4 (1) $b_1, b_2, \cdots, b_m$ は、U の正規直交基底である。
(2) $b_{m+1}, \cdots, b_n$ は $U^\perp$ の正規直交基底である。

テスト 15

問 1. 不等式 $\left|\int_0^{\frac{\pi}{2}} x^n \sin x \, dx\right|^2 \leq \dfrac{\pi^{2n+\boxed{A}}}{(2n+\boxed{B})2^{2n+\boxed{C}}}$ を示す。

（証明）例 6.1.1 (2) で $a = 0, b = \frac{\pi}{2}$ とし、$f(x) = x^n$, $g(x) = \sin x$ とする。

$$\int_0^{\frac{\pi}{2}} x^{2n} \, dx = \left[\frac{1}{\boxed{D}} x^{\boxed{D}}\right]_0^{\frac{\pi}{2}} = \frac{\pi^{\boxed{D}}}{\boxed{D}\,2^{\boxed{D}}}$$

$$\int_0^{\frac{\pi}{2}} \sin^2 x \, dx = \int_0^{\frac{\pi}{2}} \left(\frac{1}{\boxed{E}} - \frac{1}{\boxed{E}} \cos 2x\right) dx = \frac{\pi}{\boxed{F}}$$

シュワルツの不等式から、問の不等式を得る。

問 2. (6.2.2) の中の $(g_n, g_m) = 0$ $(n \neq 0, m \neq 0, n \neq m)$ を示せ。

$$\begin{aligned}
(g_n, g_m) &= \int_{-\pi}^{\pi} \frac{1}{\sqrt{\pi}} \sin nx \frac{1}{\sqrt{\pi}} \sin mx \, dx \\
&= \frac{1}{\pi} \int_{-\pi}^{\pi} \frac{1}{2} \left\{\cos \boxed{A} x - \cos \boxed{B} x\right\} dx \\
&= \frac{1}{2\pi} \left[\frac{1}{\boxed{A}} \boxed{C}\boxed{A} x - \frac{1}{\boxed{B}} \boxed{C}\boxed{B} x\right]_{-\pi}^{\pi} \\
&= \boxed{D}
\end{aligned}$$

ここで、$\sin n\pi = \boxed{E}$ である。

付録 A

記号表

A.1 ギリシア文字表

大文字	小文字	読み方	大文字	小文字	読み方
A	α	アルファ	N	ν	ニュー
B	β	ベータ	Ξ	ξ	クシー
Γ	γ	ガンマ	O	o	オミクロン
$\Delta, \varDelta$	δ	デルタ	Π	π, ϖ	パイ
E	ϵ, ε	エプシロン	P	ρ, ϱ	ロー
Z	ζ	ゼータ	Σ	σ, ς	シグマ
H	η	エータ	T	τ	タウ
Θ	θ, ϑ	シータ	Υ	υ	ユプシロン
I	ι	イオタ	Φ	ϕ, φ	ファイ
K	κ	カッパ	X	χ	カイ
Λ	λ	ラムダ	Ψ	ψ	プサイ
M	μ	ミュー	Ω	ω	オメガ

A.2　各章の記号

付録 B

略解

1 章の問題

問題 1.1.1 (1) $\sqrt{6}$ (2) $3\sqrt{2}$ (3) $(-1,1,2,-4)$ (4) $(8,7,-6,7)$ (5) $(-5,2,8,-15)$
問題 1.1.2 (1) 1 (2) $\frac{\sqrt{3}}{18}$ (3) -6 (4) -41 (5) 2 (6) 12 (7) $2(\overrightarrow{a}, \overrightarrow{e}_1) - 3(\overrightarrow{a}, \overrightarrow{e}_2) = -4$
問題 1.1.3 (1) $(7,-5,-3)$ (2) $-\overrightarrow{a} \times \overrightarrow{b} = (-7,5,3)$
(3) $3(\overrightarrow{b} \times \overrightarrow{a}) - 2(\overrightarrow{a} \times \overrightarrow{b}) = -5(\overrightarrow{a} \times \overrightarrow{b}) = (-35,25,15)$ (4) $\overrightarrow{e}_1 + \overrightarrow{e}_2 = (1,0,1)$
問題 1.2.1 (1) $\begin{pmatrix} 4 \\ 6 \end{pmatrix}$ (2) $\begin{pmatrix} -7 \\ -2 \\ 9 \end{pmatrix}$ (3) $\begin{pmatrix} 9 \\ 5 \end{pmatrix}$ (4) $\begin{pmatrix} 9 \\ 5 \\ 11 \end{pmatrix}$
問題 1.2.2 (1) $\begin{pmatrix} 9 & 14 \\ -11 & -14 \end{pmatrix}$ (2) $\begin{pmatrix} 16 & -10 & 3 \\ 18 & -10 & 14 \\ -16 & 10 & -3 \end{pmatrix}$ (3) $\begin{pmatrix} -3 & -9 \\ -8 & 6 \end{pmatrix}$
(4) $\begin{pmatrix} 2 & -3 & 7 \\ 0 & 4 & -5 \\ 1 & -2 & 0 \end{pmatrix}$ (5) $\begin{pmatrix} 9 & -7 & -11 \\ -5 & 3 & 8 \\ 5 & -2 & -6 \end{pmatrix}$ (6) $\begin{pmatrix} a_{11} & a_{12} & a_{13} \\ a_{21} & a_{22} & a_{23} \\ a_{31} & a_{32} & a_{33} \end{pmatrix}$
問題 2.3.1 略

2 章の問題

問題 3.1.1 略
問題 3.1.2 (1) $|A| = -2$, 正則, $A^{-1} = \begin{pmatrix} -2 & 1 \\ \frac{3}{2} & -\frac{1}{2} \end{pmatrix}$ (2) $|A| = 0$, 正則でない
(3) $|A| = 1$, 正則, $A^{-1} = \begin{pmatrix} \cos\theta & \sin\theta \\ -\sin\theta & \cos\theta \end{pmatrix}$ (4) $|A| = 0$, 正則でない
問題 3.1.3 (1) 30 (2) 0

問題 3.1.4 略

問題 3.3.1 (1) $A_{11}=4, A_{12}=-3, A_{21}=-1, A_{22}=2,\ |A|=5$

(2) $A_{11}=1, A_{12}=1, A_{13}=-1, A_{21}=-1, A_{22}=1, A_{23}=1$

$A_{31}=1, A_{32}=-1, A_{33}=1,\ |A|=2$

(3) $A_{11}=3, A_{12}=4, A_{13}=1, A_{21}=4, A_{22}=3, A_{23}=6$

$A_{31}=5, A_{32}=2, A_{33}=4,\ |A|=7$

(4) $A_{11}=2, A_{12}=-2, A_{13}=-2, A_{21}=-2, A_{22}=2, A_{23}=1$

$A_{31}=4, A_{32}=-2, A_{33}=-3,\ |A|=-2$

3 章の問題

問題 4.2.1 （証明）(1) これは定理 2.2.2 である。

(2) $\operatorname{rank} A \leq n < m$ より、(1) から明らかである。

(3) (1) と定理 2.3.1 から、A が正則になる事が必要十分条件である。定理 3.2.5 または 定理 2.3.1 (2) より、それは $|A| \neq 0$ と同値である。

(4) 1 次独立の定義の 1 次結合 $A\vec{k}=\vec{0}$ から、$\Delta_m \vec{k}=\vec{0}$ である。$|\Delta_m| \neq 0$ と定理 3.2.5 から、Δ_m は正則になり、$\vec{k}=\vec{0}$ である。よって、列ベクトルは 1 次独立である。

列ベクトルが 1 次独立ならば、(1) より $\operatorname{rank} A = m$ である。(2.3.1) から、消去法に対応した基本行列の積 P, Q があり、$PAQ=\begin{pmatrix} E_m \\ O \end{pmatrix}$ となる。数列 $I=(1,2,\cdots,i,\cdots,m)$ を行を表す数列とする。1 行から順に消去法を実行し、i 行と j 行の交換が現れ、$1 \leq i \leq m,\ j > m$ となるならば、I から i を取り、代わりに j 入れる。こうして出来た I を $I=(i_1,\cdots,i_m)$ とし、対応する行ベクトルを $\vec{A}_{i_1},\cdots,\vec{A}_{i_m}$ とし、$\Delta_m=(a_{i_h j})$ とする。(2.3.6) から $P_n(i,j)$ と他の基本行列を交換できるから、I を定義した行の交換を他の消去法の操作より先に施せ、$A \to \begin{pmatrix} \Delta_m \\ B \end{pmatrix}$ を得る。A の消去法の結果 $A \to \begin{pmatrix} E_m \\ O \end{pmatrix}$ から、消去法により $\Delta_m \to E_m$ と出来る。よって、定理 2.3.1 から正則になり、定理 3.2.5 から $|\Delta_m| \neq 0$ である。　□

問題 4.4.1 （証明）(1) (V1) 任意の $k \in K$ と $w \in W$ に対して、

$f \circ g(kw) = f(g(kw)) = f(kg(w)) = kf(g(w)) = kf \circ g(w)$

である。

(V2) 任意の $w \in W, w' \in W$ に対し、

$$\begin{aligned} f \circ g(w+w') &= f(g(w+w')) = f(g(w)+g(w')) = f(g(w)) + f(g(w')) \\ &= f \circ g(w) + f \circ g(w') \end{aligned}$$

である。

(2) 定義から、

$$f \circ g(w_h) = f(g(w_h)) = f\left(\sum_{j=1}^{m} b_{jh} u_j\right) = \sum_{j=1}^{m} b_{jh} f(u_j)$$
$$= \sum_{j=1}^{m} b_{jh}\left(\sum_{i=1}^{n} a_{ij} v_i\right) = \sum_{i=1}^{n}\left(\sum_{j=1}^{m} a_{ij} b_{jh}\right) v_i$$

最後の $\left(\sum_{j=1}^{m} a_{ij} b_{jh}\right)$ は行列の積 $A_f A_g = (a_{ij})(b_{jh}) = (c_{ih})$ の i 行 h 列の成分 c_{ih} である。よって、$A_{f \circ g} = A_f A_g$ になる。 □

問題 4.4.2 （証明）定理 4.4.2 (2) から、(v') から (v) の変換行列は $Q^{-1} = (\bar{q}_{ij})$ になる事に注意する。すると、変換行列および表現行列の定義から、

$$f(u'_j) = f(\sum_{h=1}^{m} p_{hj} u_h) = \sum_{h=1}^{m} p_{hj} f(u_h)$$
$$= \sum_{h=1}^{m} p_{hj} \sum_{i=1}^{n} a_{ih} v_i = \sum_{h=1}^{m} p_{hj} \sum_{i=1}^{n} a_{ih} \sum_{k=1}^{n} \bar{q}_{ki} v'_k$$
$$= \sum_{k=1}^{n}\left(\sum_{h=1}^{m}\sum_{i=1}^{n} \bar{q}_{ki} a_{ih} p_{hj}\right) v'_k$$

ここで、最後の式の係数 $\displaystyle\sum_{h=1}^{m}\sum_{i=1}^{n} \bar{q}_{ki} a_{ih} p_{hj}$ は、$Q^{-1}AP$ の k 行 j 列成分と同じである。一方、この係数は、表現行列 $B = (b_{ij})$ の定義から、b_{kj} に対応する。よって、$B = Q^{-1}AP$ である。 □

4 章の問題

問題 5.1.1 (1) 固有値 $\lambda = 2, -3$, どちらも重複度 1

(2) 固有値 $\lambda = 1 \pm i$, どちらも重複度 1

(3) 固有値 $\lambda = 2$, 重複度 2

(4) 固有値 $\lambda = -1$, 重複度 2

問題 5.1.2 (1) $\lambda = 2$ に属する固有空間の基底 $\begin{pmatrix} 2 \\ 1 \end{pmatrix}$

$\lambda = -3$ に属する固有空間の基底 $\begin{pmatrix} -\frac{1}{2} \\ 1 \end{pmatrix}$

(2) $\lambda = 1 + i$ に属する固有空間の基底 $\begin{pmatrix} 1 \\ \frac{3-i}{5} \end{pmatrix}$

$\lambda = 1 - i$ に属する固有空間の基底 $\begin{pmatrix} 1 \\ \frac{3+i}{5} \end{pmatrix}$

(3) $\lambda = 2$ に属する固有空間の基底 $\begin{pmatrix} 1 \\ -1 \end{pmatrix}$

(4) $\lambda = -1$ に属する固有空間の基底 $\begin{pmatrix} 1 \\ 0 \end{pmatrix}$, $\begin{pmatrix} 0 \\ 1 \end{pmatrix}$

問題 5.2.1 (証明) (1) $\vec{v} \in V_\lambda \cap V_\mu$ とする。$A\vec{v} = \lambda\vec{v}, A\vec{v} = \mu\vec{v}$ であるから、$(\lambda - \mu)\vec{v} = \vec{0}$ である。 $\lambda - \mu \neq 0$ より、$\vec{v} = \vec{0}$ である。

(2) 数学的帰納法による。

$m = 1$ の時は明らかである。

$m = 2$ の時、$k_1\vec{v}_1 + k_2\vec{v}_2 = \vec{0}$ ならば、$\vec{v} = k_1\vec{v}_1 = -k_2\vec{v}_2$ とすると、固有空間は線形空間であるから、$\vec{v} \in V_{\lambda_1} \cap V_{\lambda_2}$ である。 よって、(1) より $\vec{v} = \vec{0}$ になる。これは、$k_1 = k_2 = 0$ を意味するから、1 次独立である。

m 個の固有ベクトルは一次独立と仮定する。もし、

(*) $\displaystyle\sum_{j=1}^{m} k_j\vec{v}_j + k_{m+1}\vec{v}_{m+1} = \vec{0}$

ならば、A を両辺に作用させて

$$\sum_{j=1}^{m} k_j A\vec{v}_j + k_{m+1}A\vec{v}_{m+1} = A\vec{0}$$

$$\sum_{j=1}^{m} k_j \lambda_j \vec{v}_j + k_{m+1}\lambda_{m+1}\vec{v}_{m+1} = \vec{0}$$

上式から (*) の λ_{m+1} 倍を引くと,

$$\sum_{j=1}^{m} k_j(\lambda_j - \lambda_{m+1})\vec{v}_j = \vec{0}$$

m 個の固有ベクトルは一次独立の仮定より、

$$k_j(\lambda_j - \lambda_{m+1}) = 0$$

λ_j は互いに相異なるから $\lambda_j - \lambda_{m+1} \neq 0$ になり、$k_1 = k_2 = \cdots = k_m = 0$ である。さらに、これと (*) から $k_{m+1} = 0$ である。よって、一次独立である。 □

問題 5.2.2 $\varphi_A(\lambda) = \sum_{i=0}^{n} c_i\lambda^i$ とすると、

$$
\begin{aligned}
P^{-1}\varphi_A(A)P &= P^{-1}\left(\sum_{i=0}^{n} c_i A^i\right)P = \sum_{i=1}^{n} c_i(P^{-1}AP)^i \\
&= \sum_{i=0}^{n} c_i \begin{pmatrix} \lambda_1^i & & & & \\ & \ddots & & \text{O} & \\ & & \lambda_j^i & & \\ & \text{O} & & \ddots & \\ & & & & \lambda_n^i \end{pmatrix} \\
&= \begin{pmatrix} f(\lambda_1) & & & & \\ & \ddots & & \text{O} & \\ & & f(\lambda_j) & & \\ & \text{O} & & \ddots & \\ & & & & f(\lambda_n) \end{pmatrix} = O
\end{aligned}
$$

問題 5.2.3 (1) $P = \begin{pmatrix} 2 & 1 \\ 1 & -2 \end{pmatrix}$ とすると $P^{-1}AP = \begin{pmatrix} 2 & 0 \\ 0 & -3 \end{pmatrix}$

(2) $P = \begin{pmatrix} 5 & 5 \\ 3-i & 3+i \end{pmatrix}$ とすると $P^{-1}AP = \begin{pmatrix} 1+i & 0 \\ 0 & 1-i \end{pmatrix}$

(3) 対角化不可能

(4) 対角行列

5 章の問題

問題 6.1.1 略

問題 6.2.1 (1) 正規直交系の定義から、

$$
(a, v_i) = (\sum_{j=1}^{n} a_j v_j, v_i) = \sum_{j=1}^{n} a_j(v_j, v_i) = a_i(v_i, v_i) = a_i
$$

(2) 定数 k_i に対して、$a = \sum_{i=1}^{n} k_i v_i = o$ ならば、(1) から、$k_i = (a, v_i) = (o, v_i) = 0$ となる。これは 1 次独立を意味する。

(3) (1) から、

$$
(a, b) = \left(a, \sum_{i=1}^{n} b_i v_i\right) = \sum_{i=1}^{n} b_i(a, v_i) = \sum_{i=1}^{n} b_i a_i \qquad \square
$$

問題 6.2.2

$$(f_0, f_0) = \int_{-\pi}^{\pi} \frac{1}{2\pi}\, dx = \frac{1}{2\pi}\, [x]_{-\pi}^{\pi} = 1$$

$$\begin{aligned}(f_0, f_n) &= \int_{-\pi}^{\pi} \frac{1}{\sqrt{2\pi}} \frac{1}{\sqrt{\pi}} \cos nx\, dx = \frac{1}{\sqrt{2}\pi} \left[\frac{1}{n} \sin nx\right]_{-\pi}^{\pi} \\ &= \frac{1}{n\sqrt{2}\pi} (\sin n\pi - \sin(-n\pi)) = 0 \qquad (n \neq 0)\end{aligned}$$

$$\begin{aligned}(f_0, g_n) &= \int_{-\pi}^{\pi} \frac{1}{\sqrt{2\pi}} \frac{1}{\sqrt{\pi}} \sin nx\, dx = \frac{1}{\sqrt{2}\pi} \left[-\frac{1}{n} \cos nx\right]_{-\pi}^{\pi} \\ &= -\frac{1}{n\sqrt{2}\pi} (\cos n\pi - \cos(-n\pi)) = 0 \qquad (n \neq 0)\end{aligned}$$

$$\begin{aligned}(f_n, f_n) &= \int_{-\pi}^{\pi} \frac{1}{\sqrt{\pi}} \cos nx \frac{1}{\sqrt{\pi}} \cos nx\, dx = \frac{1}{\pi} \int_{-\pi}^{\pi} \cos^2 nx\, dx \\ &= \frac{1}{\pi} \int_{-\pi}^{\pi} \left(\frac{1}{2} + \frac{1}{2} \cos 2nx\right) dx = \frac{1}{\pi} \left[\frac{1}{2} x + \frac{1}{4n} \sin 2nx\right]_{-\pi}^{\pi} \\ &= \frac{1}{\pi} \left(\frac{1}{2}\pi + \frac{1}{4n} \sin 2n\pi - \frac{1}{2}(-\pi) - \frac{1}{4n} \sin(-2n\pi)\right) = 1 \qquad (n \neq 0)\end{aligned}$$

$$\begin{aligned}(f_n, f_m) &= \int_{-\pi}^{\pi} \frac{1}{\sqrt{\pi}} \cos nx \frac{1}{\sqrt{\pi}} \cos mx\, dx \\ &= \frac{1}{\pi} \int_{-\pi}^{\pi} \frac{1}{2} (\cos(n+m)x + \cos(n-m)x)\, dx \\ &= \frac{1}{2\pi} \left[\frac{1}{n+m} \sin(n+m)x + \frac{1}{n-m} \sin(n-m)x\right]_{-\pi}^{\pi} \\ &= 0 \qquad (n \neq 0, m \neq 0, n \neq m)\end{aligned}$$

$$\begin{aligned}(g_n, f_m) &= \int_{-\pi}^{\pi} \frac{1}{\sqrt{\pi}} \sin nx \frac{1}{\sqrt{\pi}} \cos mx\, dx \\ &= \frac{1}{\pi} \int_{-\pi}^{\pi} \frac{1}{2} (\sin(n+m)x + \sin(n-m)x)\, dx \\ &= \frac{1}{2\pi} \left[-\frac{1}{n+m} \cos(n+m)x - \frac{1}{n-m} \cos(n-m)x\right]_{-\pi}^{\pi} \\ &= 0 \qquad (n \neq 0, m \neq 0)\end{aligned}$$

$$
\begin{aligned}
(g_n, g_n) &= \int_{-\pi}^{\pi} \frac{1}{\sqrt{\pi}} \sin nx \frac{1}{\sqrt{\pi}} \sin nx \, dx = \frac{1}{\pi} \int_{-\pi}^{\pi} \sin^2 nx \, dx \\
&= \frac{1}{\pi} \int_{-\pi}^{\pi} \left(\frac{1}{2} - \frac{1}{2} \cos 2nx \right) dx = \frac{1}{\pi} \left[\frac{1}{2} x - \frac{1}{4n} \sin 2nx \right]_{-\pi}^{\pi} \\
&= \frac{1}{\pi} \left(\frac{1}{2} \pi - \frac{1}{4n} \sin 2n\pi - \frac{1}{2}(-\pi) + \frac{1}{4n} \sin(-2n\pi) \right) = 1 \qquad (n \neq 0)
\end{aligned}
$$

$(g_n, g_m) = 0$ $(n \neq 0, m \neq 0, n \neq m)$ は、テスト 15 問 2 である。

索引

著者紹介：

疋田瑞穂（ひきだ・みずほ）

1976 年　東京工業大学工学部電気化学科卒業
1982 年　広島大学大学院理学研究科博士課程後期数学専攻　単位取得退学
現　在　県立広島大学生命環境学部教授

基礎と実践
大学新入生のための線形代数

2015 年 2 月 18 日　初版 1 刷発行

検印省略

著　者　疋田瑞穂
発行者　富田　淳
発行所　株式会社　現代数学社
〒 606-8425 京都市左京区鹿ヶ谷西寺ノ前町 1
TEL 075 (751) 0727　FAX 075 (744) 0906
http://www.gensu.co.jp/

印刷・製本　亜細亜印刷株式会社
カバー絵　山本大也【作品名：鋏】
装　丁　Espace ／ espace3@me.com

ISBN978-4-7687-0443-1